铜奔马

中国旅游标志

出土于甘肃省武威市

中国马文化

文学卷

刘　炘　主编
孙海芳　　著

读者出版社

图书在版编目（CIP）数据

中国马文化. 文学卷 / 刘炘主编 ；孙海芳著. --
兰州 ：读者出版社，2019. 8
ISBN 978-7-5527-0572-0

Ⅰ. ①中… Ⅱ. ①刘… ②孙… Ⅲ. ①马—文化—中
国 Ⅳ. ①S821

中国版本图书馆CIP数据核字（2019）第131534号

中国马文化·文学卷
刘　炘　主编
孙海芳　著

策　　划　王先孟
责任编辑　漆晓勤
装帧设计　贺永胜

出版发行　读者出版社
地　　址　兰州市城关区读者大道568号（730030）
邮　　箱　readerpress@163.com
电　　话　0931-8773027（编辑部）　0931-8773269（发行部）

印　　刷　深圳华新彩印制版有限公司
规　　格　开本 787 毫米 × 1092 毫米　1/16
　　　　　印张 19.5　插页 3　字数 299 千
版　　次　2019 年 8 月第 1 版
　　　　　2019 年 8 月第 1 次印刷
书　　号　ISBN 978-7-5527-0572-0
定　　价　188.00元

总　序

扬鞭策马神州行，天马行空正当时。

在主编、作者、学者、编辑、画家、摄影家等人员的共同努力下，《中国马文化》丛书历时三年之久，终于付梓出版，与广大读者见面了。

《中国马文化》丛书的编撰出版，填补了中国古代马文化研究的空白。这对于揭示马在中华民族历史上的精神意蕴，具有非常积极的意义和重要的文化价值。

这是传承发展中华优秀传统文化工程的一份宝贵财富，是献给伟大祖国70周年华诞的一份贺礼。

一、一马腾空惊世界　四海瞩目古凉州

武威，是天马的故乡，是中国旅游标志之都。

位于武威城北的雷台观，因明朝中叶人们曾在此供奉雷神而得名，现为全国第五批重点文物保护单位。

就是在这里，一个偶然的事件，引发了一件震惊世界的事情；一件绝世珍宝的发现，使一座千年古城成为世人关注的焦点。

这座千年古城，就是甘肃武威，因汉武帝为彰显骠骑将军霍去病“武功军威”而命名的城市。这件绝世珍宝，就是在雷台观下的墓葬中出土的一匹铜奔马。

这，是怎样的一匹马？它凭什么被称为中国艺术的最高峰？它为什么被确定为中国旅游标志？它留给世人怎样的启迪和思考？

1969 年 9 月 22 日，为落实“深挖洞、广积粮、不称霸”和“备战备荒为人民”的号召，原武威县新鲜公社新鲜大队第十三生产队的社员们在雷台观的台基下面开挖防空洞。当他们挥动镐头和铁锹不断向前挖土时，眼前出现了

一堵用青砖砌成的墙壁。墙壁里面竟是一座砖砌的墓室。于是几个大胆的社员怀着既恐惧又好奇的心思进入墓室，发现了满地摆放的器物，其中大部分都是满身绿锈的小车马。凭借经验，他们知道这些都是铜器，于是，在组长同意后，他们将其中的各种文物装了三麻袋，拉到生产队仓库，准备卖铜后给生产队买匹马。

发现古墓的消息很快被上级得知，甘肃省博物馆派两位考古人员对出土文物进行了收缴登记，并对墓葬进行了勘查清理。该墓虽遭多次盗掘，但遗存尚多，出土有金、银、铜、铁、玉、骨、漆、石、陶等器物 231 件，古钱币两万多枚，堪称一座蕴藏丰富的“地下宝库”。后经专家考证，它应该是东汉晚期一名张姓将军之墓，是一座十分罕见的汉代河西地区墓葬。在这众多的文物中，最突出的是 99 件铸造精致的铜车马武士仪仗俑，而最引人注目的就是一尊铜奔马。

这尊铜奔马，宽 34.5 厘米，长 45 厘米，重 7.15 公斤。马体形矫健，身势若飞，喷鼻翘尾，昂首嘶鸣，鬃毛飞扬，三蹄腾空，一足踩踏飞鸟。那鸟在展翅飞翔中，惊愕回首，成为奔马凌空的支撑点。其现实主义与浪漫主义相结合的造型创意十分独特，成为巧妙地利用力学原理与失蜡法铸造技艺完美结合的产物，塑造了风驰电掣的天马形象，一展“天马行空”的雄姿。

当年，武威雷台汉墓出土的这批文物，又被收藏于甘肃省博物馆库房，有待新的关注。

1971 年 9 月 17 日，时任全国人大常委会副委员长的郭沫若同志在陪同外宾访问西北时，忙里偷闲抽空到甘肃省博物馆参观馆藏文物，见到了这匹铜奔马。郭老一时惊叹不已，赞不绝口，连声说：“太好了，太美了，真有气魄。”真可谓：伯乐一句话，天马出尘寰。铜奔马于是年冬被选调进京，参加了全国出土文物展览。

1972 年 2 月，举世无双的铜奔马走出国门，先后在法、英两国展出，一时轰动全球，出现“四海盛赞铜奔马”的热潮。英报称“铜奔马已成了一颗引人注目的明星”，英国观众说铜奔马“简直是艺术作品中的最高峰”。海内外人士纷纷发表文章，高度评价铜奔马是“无价之宝”，是“绝世珍品”!

1983 年 10 月，铜奔马因造型精美、构思奇妙、世人瞩目，被确定为中国旅游标志。毫无疑问，这件铜奔马所体现的天马行空、无所羁绊、乘风驰骋的雄姿，象征着古老灿烂文化的精髓，将吸引全世界旅游者的目光。

1985 年，铜奔马被确定为历史文化名城武威的城标。

1996 年，国家文物局组织国家文物鉴定委员会专家组在对文物名称审核时，认为“铜奔马”定名规范，并将其鉴定确认为一级甲等（国宝）文物。

2002 年，铜奔马被国家文物局列入《首批禁止出国（境）展览文物目录》。

铜奔马，挟带历史辉煌和民族自豪，从 1973 年 4 月至 1975 年 8 月，先后到法国、英国、罗马尼亚、奥地利、南斯拉夫、瑞典、墨西哥、加拿大、荷兰、比利时、美国等 14 个国家巡回展出，就像“一颗引人注目的明星”，扬名世界，已成为中华腾飞的精神象征。

二、纵论千古驰大骏　徽帜从此应更盛

铜奔马一“鸣”惊人，立即引起了学术界乃至全社会的强烈反响。面对这件融动态美、力度美于一体的天才杰作，人们表现出了空前的关注和欣赏。

多年来，来自考古学、历史学、文物学、养马学等各个学科领域的专家学者，纷纷聚焦一座墓、一匹马，围绕墓葬年代、墓主人、铜奔马及其后蹄所踩的飞鸟展开热烈的讨论，兴起了“天马文化热”。

我国古代社会铸造了许多形态各异的铜马，就现有资料看，铜马的用途主要有四个：一是铜制的容器，二是随葬用品，三是相马用的“马式”，四是为纪念名马而制作的马像。武威雷台墓出土的铜奔马，是经过雕塑家精心设计制造出来的一件巅峰之作。那么，它是冥器，是马式，还是马像？

“无名天地之始，有名万物之母。”一马何以名，一鸟何以名。铜奔马出土以来，围绕有关铜奔马及马文化的学术争论至今不休。据统计，作为中国旅游标志的铜奔马，目前称谓就有“铜奔马”“马踏飞燕”“马超龙雀”“紫燕骝”“飞廉并铜马”等近 40 多种。一件珍贵国宝没有一个确定的名称，既是文物研究的一大遗憾，更是一个有趣的文化现象。可见铜奔马所蕴含的丰富多元的历史文化信息。

和铜奔马一起出土的，还有各种铜俑45件，车14辆，牛1头，马39匹，是迄今国内发现数量最多、规模最宏伟、内涵最丰富、气势最壮观的汉代车马仪仗铜俑队，被人们称为“地下千年雄师”。车、马、俑以其独特的造型风格、完美精湛的制作技术和隽永的艺术魅力蜚声中外，充分显示出我国汉代以来的青铜铸造工艺的杰出成就。

《后汉书·舆服志》上说：“一器而群工致巧。”铜车马仪仗俑队真实地再现了古代“车如流水马如龙”的盛况，同时也勾起了人们对那个“大风起兮云飞扬”的时代的无尽遐想。但是，人们更多的在问，在沉睡千年的古墓里，这些人、车、牛、马，它们原本是怎样的一种组合呢？而这一永恒的瞬间，怎么又会被定格在武威的古墓里呢？

相约古凉州，揭秘铜奔马，纵论马文化，驰骋新征程。作为古丝绸之路的商埠重镇、军事要塞、人文之都，武威有着十分重要的战略位置。《汉书·地理志》中记载，自武威以西，“习俗颇殊，地广民稀，水草宜畜牧。故凉州之畜为天下饶”。另据《汉书》记载，汉武帝为了远征匈奴，开拓疆土，极渴望好马。听说大宛产良马，便命贰师将军李广利发兵西域，进行了长达四年的征伐。于太初四年（前101年），汉朝从大宛国引进大宛马，深得武帝爱惜，特赐名为“天马”。汉设河西四郡后，通过大规模的移民屯田开发政策，这里出现了“河西殷富”“牛马布野”“凉州之畜为天下饶”的景象。汉武帝在河西等地广设牧场，养马驯骥，培育了大批良马。到魏晋时期，凉州畜牧业进一步发展，马被广泛用于骑乘、役使、运输、军事等各个方面。《晋书·张轨传》记载，公元308年，凉州铁骑参加洛阳保卫战，立下了赫赫战功，坊间一时盛传“凉州大马，横行天下”的美名。

没有水草丰茂的环境，天马不会在这里驰骋。没有保家卫国的征战，这里就没有天马的舞台。武威大地，是骏马的疆场；石羊河两岸，是骏马向往的家园。而今天的武威，又成为人们建功立业的热土，奋进驰骋的天地。

三、探轶索隐成系统　龙马精神闻足音

铜奔马，是奋发进取、交流融合、开放包容的象征。

铜奔马，是龙马精神、中国力量、中国创造的象征。

铜奔马，这件千年的艺术精品，以丰富的想象、精巧的构思和高超的技艺，淋漓尽致地彰显了中华民族的浪漫情怀。形与体的天成，力与美的融合，赋予了“天下第一马”蓬勃昂扬的生命张力和一往无前的磅礴气势。

举世瞩目的铜奔马，是我国极为重要的历史文化遗产。毫无疑问，铜奔马是中国古代马文化的杰出代表，是中国天马的形象大使。一马当先，万马奔腾。武威市深度挖掘和广为传播中国马文化，责无旁贷，任重道远。

2017年1月，中共中央办公厅、国务院办公厅印发了《关于实施中华优秀传统文化传承发展工程的意见》。意见指出，中华优秀传统文化是中华民族生生不息、发展壮大的丰厚滋养，是中国特色社会主义植根的文化沃土，对延续和发展中华文明、促进人类文明进步有着重要的作用。传承发展中华优秀传统文化是全体中华儿女的共同责任。

2017年，武威市提出努力打造文化旅游名城的总体思路，紧紧围绕研究阐发、教育普及、保护传承、创新发展、传播交流，以“弘扬凉州文化　传承丝路精神”为主旨，积极实施中华优秀传统文化传承发展工程，进一步激发中华优秀传统文化的生机与活力。其中，深入阐发中国马文化精髓是传承发展中华优秀传统文化的首要任务。武威市立足本地历史文化资源，邀请知名专家学者以铜奔马为标志和旗帜，深度挖掘、归纳、引领中国马文化的研究和普及，发掘中国马文化的历史渊源、发展脉络、基本走向、形态体系。在这一大背景下，大型历史文化丛书《中国马文化》应运而生。

从书编委会邀请首届甘肃省文艺终身成就奖获得者、甘肃省文史研究馆研究员刘炘担任主编；聘请热心于中国马文化研究与传播、具有相当写作实力的作家姬广武、张成荣、柯英、寇克英、王东、王万平、王志豪、赵开山、孙海芳、崔星、徐永盛和王琦，完成了《中国马文化·驯养卷》《中国马文化·役使卷》《中国马文化·驰骋卷》《中国马文化·马政卷》《中国马文化·交流卷》《中国马文化·神骏卷》《中国马文化·文学卷》《中国马文化·绘画卷》《中国马文化·雕塑卷》和《中国马文化·图腾卷》等10卷的撰写工作；邀请甘肃省文物考古研究所原副所长、甘肃省古籍保护中心专家委员会委员、甘

肃省政府发展研究中心特约研究员边强，西北师范大学敦煌学研究所所长、博士生导师、甘肃省文史研究馆研究员李并成，敦煌研究院历史文献研究所原所长、研究员、甘肃省文史研究馆馆员李正宇，甘肃农业大学草业学院原院长、教授、博士生导师胡自治，甘肃省文史研究馆研究员刘可通，兰州大学中文系原主任、甘肃省文联原副主席、甘肃省文史研究馆馆员张文轩，西北民族大学西北民族问题研究中心主任、历史文化学院教授、博士生导师尹伟先，中国农业历史学会理事、甘肃农业大学农史与农耕文化研究所所长、研究员胡云安，甘肃省档案馆《档案》杂志原主编姜洪源，甘肃农业大学草业学院教授、硕士生导师汪玺等多位在文物考古、文史研究、民族风俗、畜牧养马等方面治学严谨、颇有造诣的专家学者担任学术审定。还聘请了一批编辑、画家、摄影师和技术人员参与其中。

中国马文化内涵丰富，源远流长。参与编撰的历史文化学者坚持正确的历史观、文化观和学术观，以有史可鉴的传世典籍、出土文物和传说故事等为依据，融系统性、知识性、文献性、可读性于一体，有史料，有载体，有故事，有观点，形成了丛书忠于事实、显于学术，长于普及、交流互鉴、开放包容的丰厚承载量和严谨的学术依据、通俗的语言解读、引人入胜的视觉冲击等鲜明特点，实现了对中国马文化深入阐发的创造性转化和创新性发展，赋予中国马文化以新的表达形式和人文内涵。

万马奔腾，华夏强盛。万载永续，龙马精神。

知马知史，爱马爱国，以龙马精神，在中华民族伟大复兴的征程上，在“一带一路”擘画的伟大蓝图上，华夏儿女将继承天马追风奔月、勇往直前的雄姿和气势，传承奋发向上、豪迈进取、和谐团结、包容创新的自信和勇气，开始更远的征程，更快的奔跑，以达辉煌之期颐。

武威市《中国马文化》丛书编辑委员会

二〇一九年三月

序

面对中国几千年文明发展史，当我们审视人的能量时，也许会忽视一个重要因素：一个给国人力量的伟大物种，那就是马。

当我们用这一视角审视历史时，就会发现：马与我们的先民、马与社会生产力的发展、马与军事力量的博弈、马与历史兴衰的进程，有着千丝万缕的联系。我由此心生感慨：

马，始终伴随着前人，参与了几千年波澜壮阔的时代嬗变，直接或间接地影响和决定了中国历史的走向。

马之本身，是中华民族历史发展不可忽略的角色。

马之文化，是中华优秀传统文化不可或缺的构成。

马之精神，是中华民族意识深层的一种情愫、一缕精魂。

如果说没有马人类的历史会被重写有点夸张的话，那么没有马中国历史肯定会是另一个样子，则将毫无疑问。

一、马是中国历史发展的特殊动力

马作为一种草食性哺乳类动物，早在四五千年前即被我们的先民驯养、驾驭。在人类役使的动物中，马与人类心意相通，最通人性，人马之间感情深厚，马是人类忠实的伙伴。在人类文明的演进中，马成为人类行旅代步、农牧生产、交通运输、邮驿传递和战争博弈等的重要动力，同时，马也对中华文明的形成和发展发挥了极为重要的作用。

在战乱频仍的古代中国，马始终是一大战略要素，代表着交战双方的军事实力。大国的军事霸权与小国的俯首称臣，也与以马的多寡有关。居于草原地带的游牧民族，依仗天然草原资源，有着天然的养马优势。他们人人精于骑射，个个骁勇善战。他们的骑兵速度快，战斗力强，其部落本身就如同一个移动的准军事组织。这对以步兵为主的中原历代农耕政权形成了巨大的军事威胁。只要看看春秋战国、秦汉政权受到北方匈奴等游牧民族的不断侵扰；看看唐代面临突厥、吐蕃政权的南北夹击，丝绸之路曾一度被中断；看看宋代受到辽、金、西夏、蒙古等政权的不断挤压，甚至帝王被俘和偏居一隅；就会明白，中原农耕政权边患不断，被动挨打；无奈地构筑长城防御工事；或被迫实行联姻亲善的策略，某种程度上说是基于双方马力的悬殊。中原历代政权都注意汲取游牧民族之长，重视马的牧养，制定马政，发展马业，专设马市，不断对马进行品种改良，增强马的军事武装。因此，一部中国史也是中华各民族之间，中国与周边国家之间马的交流史、发展史、优化史，各民族共同推动了我国马文化的发展，积淀了丰厚的马文化历史遗产。

二、中国马文化的内涵

文化是民族的血脉，是人民的精神依托。

一般认为，文化是相对于经济、政治而言的人类创造的全部精神和物质的总和。文化是凝结在物质之中又游离于物质之外的，国家或民族的历史观念、地缘情结、风土人情、传统习俗、生活方式、宗教信仰、文学艺术、行为规范、思维方式、价值观念、审美情趣等。

笔者认为，中国马文化是我国各民族在长期的社会生活实践中创造出来的与马有关的物质成果和精神成果的总和，包括各民族在马的牧养、驯化、繁衍，以及役使、征战、娱乐等过程中，积累的对马的认识、牧养驯化经验、役使技能、文字著述，以及由此制定的关于马的政策法令；包括在驾驭马为人类服务的过程中发明的马具、饰物、车辆、武器等各种工具装备；还有在生活、生产实践中对马的情感寄托，进而转化为审美领域里崇尚马、赞美马、颂扬马的文学艺术作品，风俗节庆、赛事活动等。它们共同构成了精彩纷呈的马的物质文化、严谨周详的制度文化和深沉浑厚的精神文化。

中国马文化，是中华民族优秀传统文化中重要的组成部分。中华优秀传统文化如果抽去马文化，将会大为逊色。因此，马文化是中华优秀传统文化中非常值得发掘整理的优秀遗产。

在探析马的文化形态之前，笔者认为有必要对马文化的含义做相应的解析说明：

其一，文化是人类社会特有的现象。马文化就是在人类与马长期的互动关系中产生的。

其二，人类是创造马文化的主体。马文化的各种形态，是人类与马的相互作用中智慧的凝结与表现。

其三，当马没有与人类发生作用时，马只是自然的物种，是人赋予了马文化意义。

其四，人类创造了马文化，能使主体客体化，也使客体的马主体化。

主体客体化，就是说人通过实践活动，使人的本质力量向客体的马进行渗透和转化。当人把马与马具、驾驭技术和车辆等器具结合在一起时，就把人的意志转化、传递到马的身上，使马发挥了更为先进、更为强大的生产、运输、作战能力。客体主体化，是说客体的马，当它从自然界中的一个物种，转化为人所驱使的重要载体时，此时的客体马，已经不仅仅再是自然的马，而是“人化了的自然”，承载着驾驭者的诉求，是人类意志的延伸物。

三、中国马文化的形态体系

形态，简单说，就是事物的样子，是可感可知、可以揣摩的自然存在与情感意识。

文化形态不论以何种表现形式出现，都能从主观和客观两个方面综合反映出来。从主观上讲，文化是一种精神价值体系，是社会现实的价值评判标准；从客观上讲，文化又是社会生活的具体存在方式。马文化所包含的内容和涵盖面时空浩大，既有历史长度又有地域广度，还有专属厚度。经过梳理，笔者以为中国马文化的形态可概括为以下八个方面：

一是我国古代各民族在驯养、控驭马的过程中积累形成的认识、经验、技能和成果。其文化形态主要表现为关于马的自然存在、形体生理、生活习性、繁衍培育，以及我国家马的起源、种群分布、品质特点、驯化繁育、疾病疫情防治的有关文献记载等。如人文始祖轩辕创制车马的传说、春秋时代孙阳（伯乐）《伯乐相马经》的出土、马王堆帛书《相马经·大光破章》的破译、汉代马援《相马骨法》的记载、十六国北燕木芯马镫的发现，敦煌302窟《钉马掌图》蹄铁技术的展示，以及在驯服马的过程中形成的马术、马球、舞马、走马、赛马等体育娱乐技能。

二是我国古代各民族在驾驭、役使马的实践中所创造出来的各种器具装备等。包括人类发明的马镫、马衔、马镳、马鞍、蹄铁、鞍鞯、马胄等各种马具，装饰美化马的当卢、马冠、杏叶、节约、寄生等各种饰品，保护马匹的马面、马胸等各种防护装备；还有各种以马为动力的导车、斧车、柴车、传车、帆车、缁车、轻车、轺车、戎车等历代各式车辆。

三是我国古代各统治力量把马运用于战争的军事思想、战略战术理念和由此发明的兵器装备等。

秦汉以来，“马者，甲兵之本，国之大用”的认识成为中原王朝维护政权的重要理念，也是历代制定马政的思想基础。其形态包括以战马为武装主力的军事思想、战略战术，骑兵军阵、战车武备的功能特点、样式作用以及各类防护器具、配套兵器等，还有我国历代以马为主力的征战所留下的成功经验和失败教训，也是马文化在军事方面的重要遗产。

四是我国历代王朝制定实施的马政。

马政，是我国历代王朝律令的重要组成部分。朝廷设置有专门的马业管理机构，制定颁布有一系列发展马业、改良马种、开展交易、壮大骑兵的政策法令、旨要规章。如周代有车驾制度、马匹买卖规定，秦代有厩苑令、卤簿制度，汉代有禁马出关查验制度，唐代有马匹管理机构，宋代有牲畜注籍制度、“券马”制度，西夏有马匹校检制度，辽代有群牧使司制度，明代有俵马制度和清代有牧场考成制度等。

五是我国历代王朝为提高马的种群品质和牧养规模所采取的各种交流举措和交易途径。

丝绸之路不仅是丝绸贸易之路、玉帛交流之路，更是茶叶与马匹的互市之路。各地域民族间的经济文化交流史，也是良马的交流史、引进史、培育史。马的体质有异，功能不同，既有驾车乘骑之利，亦有上阵征战之功，各有所专。对马的需要数量有别，国家之间、民族之间、区域之间，通过马的引进改良和互市贸易，以及战争掠夺和俘获，或者朝贡馈赠等途径，促使马这一物种极富社会性。为此发生的历史事件不断，如唐朝与吐谷浑开辟赤岭马市，契丹马入贡中原，雅安茶马交易点的设立，吐蕃贡马与宋朝的封赐，大理国与南宋间的马匹交易等。

六是我国各民族在长期的人马关系中形成的亲密深厚的人马情思。

在人与马的长期相伴中，人与马结下了特殊的情谊，在全社会形成了喜爱马、崇尚马、赞美马的文化氛围。英雄的名字与神骏宝马总是如影随形，每一匹著名战马的背后，都带有浓郁的英雄主义色彩。历史上相马、用马、爱马的名人故事及著作可谓汗牛充栋、人马并重、闻名古今。如善于养马的秦非子，善于驾驭马车的造父，善于识马的伯乐、九方皋。项羽的“乌骓”马，吕布的“追风赤兔”，秦良玉的“桃花马”，郭子仪的“九花虬”等。另外，还有齐桓公与“戏马台”、马援与“白马井”、杨延昭与“晾马台”、辛弃疾与“斩马亭”、文天祥与“义马墓”、陈连升与“节马碑”等脍炙人口的故事。

七是我国历代文人骚客、书画艺匠所创作的崇尚马、赞美马、颂扬马的文艺作品。

古代人马之间的情谊融入了历史文化，也深深影响着中国文化艺术。马成为文学诗歌、绘画雕塑、歌舞戏剧等文艺形式中最具人文精神的主题。

在诗词中，有赞美、描写马的《诗经》《楚辞》，汉武帝有《天马歌》《西极天马歌》；南朝王僧孺有《白马篇》；唐代白居易有《钱塘湖春行》，韦庄有《代书寄马》，张说有《舞马千秋万岁乐府词》；宋代辛弃疾有《破阵子》词；元代马致远有《天净沙》散曲，真是难以尽述。

在历代绘画作品中，马也占有一席之地，留存了大量形象生动、技法精湛的马绘画作品，不少都是国宝级文物。魏晋顾恺之的《洛神赋》、隋代展子虔的《游春图》、唐代韦偃的《双骑图》、唐代韩幹的《照夜白图》、五代李赞华的《东丹王出行图》、南宋龚开的《骏骨图》、元代陈及之的《便桥会盟图》、明代仇英的《秋原猎骑图》、清代郎世宁的《百骏图》等，都留下了神骏的形象。

古代以马为表现对象的各类材质的雕塑雕刻艺术品，也蔚为大观、精彩纷呈。甘肃武威东汉铜奔马、四川绵阳双包山汉代漆木骑马俑、云南晋宁汉代青铜四牛鎏金骑士贮贝器、青海玉雕卧马、新疆阿合奇库兰萨日克金奔马饰、河北磁县东魏茹茹公主墓陶马、陕西乾县懿德太子墓唐三彩三花马等，都荣列国宝级出土文物之最，闻名遐迩。

八是历史上我国各地区族群在人马情基础上所衍生转化的以马为崇拜对象的图腾崇拜、风俗节庆和赛事娱乐活动。

马，很早就被当作神物，内化于人们的意识中，形成远古先民崇拜的图腾符号。先民们从识马、驯马、牧马、乘马、役马、驭马、市马、饰马到娱马，引发写马、画马、雕马、塑马的同时，还衍生出马在丧葬、陪殉祭祀等习俗中的功用，后逐渐演变为各种民俗节庆祭祀歌舞活动。各地马神、马王庙（殿）的信仰祭奠；竹马社火的流传，马褂的穿着，马钱的流通，马戏的演出，赛马的举办，这些无一不是马文化的孑遗。

四、中国马文化的具象阐释

“马文化”也许是改革开放以来才提出的一个新的概念，它源于各地对历史文化遗产的重新认识和发掘。伴随着大量与马相关文物的出土，我们不得不回望历史，原来陪伴我们数千年的马虽然在现代生活中逐渐淡出人们生活的视野，却在历史的尘封中为我们展现出曾经厚重的文化积淀。

这些年来，中国马文化的研究日渐深入，在不同领域专家的辛勤耕耘下，佳作迭出，成果喜人，但限于区域性和局部性，难免有些零星分散，总觉得尚需对其做一个较为全面系统的梳理，形成包罗众多元素而自成体系的汇总之作，真实地再现中国马文化的博大精深和辉煌璀璨。于是，终于有了一个可以发掘搜集、整理编撰马文化丛书的机会。

2017年，武威市委、市政府认真贯彻落实中共中央办公厅、国务院办公厅印发的《关于实施中华优秀传统文化传承发展工程的意见》。为抓住这一契机，武威市率先以本地出土的中国马文化的杰作、中国旅游标志——铜奔马为引首，积极组织专家学者举办马文化论坛、梳理中国马文化遗产遗存，并决定编撰出版大型历史文化丛书《中国马文化》。这对挖掘整理、弘扬承传我国优秀传统文化，进而揭示马在中华民族历史上所产生的精神文化价值具有积极的现实意义，必将成为一项重要的文化建设。

有幸作为主编，我十分珍惜这一难得的机遇。在全面发掘、梳理马文化形态的基础上，我们经过广泛征求意见，形成基本共识。后来，我带领团队，分赴全国各地博物馆、图书馆、马文化遗址，进行了实地考察学习、资料搜集和马文化形态的挖掘工作。

在丛书的学术定位上，我们立足于严谨的科学考证与通俗解读相结合，既可作为普及读物，也可为进一步的学术研究提供线索和依据。为此，我们特别注重严谨的学术考证、具象的文物范例、通俗的叙述表达、直观的视觉感受，以争取为读者提供最大的信息量。为此每卷的内容既成系列，又单独成篇，力争图文并茂，注意知识性、趣味性和学术性相结合，以简洁通俗的语言向读者讲述马的故事，使尘封的文物古迹能够鲜活起来。

在丛书的编撰框架上，我们经过系统分类，以清末为限将中国马文化按形态体系和结构篇章分为十卷推出，分别为《中国马文化·驯养卷》《中国马文化·役使卷》《中国马文化·驰骋卷》《中国马文化·马政卷》《中国马文化·交流卷》《中国马文化·神骏卷》《中国马文化·文学卷》《中国马文化·绘画卷》《中国马文化·雕塑卷》和《中国马文化·图腾卷》，以期能够全面系统地向读者展示这一丰厚的文化遗产。

在团队组织上，我们注意吸纳热心于马文化研究的优秀专家学者、作家、编辑、绘画摄影家等作为组稿成员，组成了认真高效的工作团队，强强联合，取长补短，保证了编撰工作有条不紊地按计划进行。

这部丛书的编撰，我们犹觉欣慰的是，通过查阅古籍资料、现场考察遗址，借鉴学术成果，采用较为通俗的叙述方式，对中国马文化做一次全面系统的梳理和提升，正是让学术研究走近普通读者，让历史文化贴近时代生活，服务于优秀历史文化遗产开发传承的一次有益尝试。

我们期望通过这次系统梳理集成，一是希望解决中国马文化资料的散失纷乱问题。通过创作团队不遗余力的史海钩沉，我们用 600 篇文章、2500 多幅图片，使各个历史时期的马文化资料、各个地域的马文化资料、不同民族的马文化资料，得以尽收囊中。二是希望通过各种形态的分类，从微观上和宏观上提供不同知识层次、不同知识领域、不同知识需求者，能够提供认识研究马文化的专业需求问题。三是希望中国马文化的编撰是一次对中国马文化研究的助力，期待有缘者能从中找到新时代有益的文化资源，并将其转化为有形产品，以满足新时代的文化需求。四是希望在中国传统文化的沃土里能发掘一粒丰满的种子，使每位读者的阅读都是对它的滋养，从而了解马对中华文明发展的贡献，让龙马精神得以延续、传承。

衷心感谢为此付出心血的编委会成员、执笔撰稿的作家、审定文稿的学者、为丛书创作提供图片的画家和摄影家、各位编辑和技术人员，感谢各位马文化研究的前辈们，为我们提供资料信息的文物博物馆的同志们！

中国马文化博大精深，十卷本的丛书仅揭示其一角，缺憾偏颇之处在所难免，但作为初次尝试，唯望读者与专家学人批评指正。衷心希望广大读者能通过阅读本套丛书，产生对中国马文化历史遗产的兴趣。

如此，则是我们最大的期待！

刘　炘

二〇一九年三月十五日

目 录

引言

马作为中国文人情感外化的载体贯穿于中国古代文学史。在远古神话的碎片中，在人面马身的奇异幻化里，《山海经》以“其状如马”“神马之说”为视角，描绘出与马相关的兽类、神类及相关的山川水木。渐行渐远的神马形象翻越时间的荒野，以我们最熟悉的身影向我们走来。

驰骋畋马善弋猎，猎火照亮车马猛虎，儿女情长生出人间烟火；秦师出征，戎车突进，言念君子何时归？新婚骏马辔如琴，四马奔驰，圆珠圭璧，诉说民间儿女“行歌互答”；万舞洋洋，四马六缰祈福祉，赞颂鲁僖公兴祖业、复疆土、建新庙，祈愿上天降福。畋猎之马、征战之马、行役之马、婚嫁之马、祭祀之马等形态多样的马形象在《诗经》中咏诵。

屈原乘龙驭凤，其生命体验的“情”和“志”借助马意象而“意以象尽”，人马合一，形成了《楚辞》特有的文学特征。伯乐识马举贤才，《战国策》以马喻人，架构了先秦马文化的最高观念形态，为后世马文化叙事的人文精神和政治寓意定下了一个内蕴稳定的模式。诗意的“野马”在庄子的现实中“栖居”“以梦为马”。《论语》借马言德话儒家，荀子惠民之马倡仁政，拓展了儒家文化的政治空间，令马之精神与神韵流传在千年的历史长河中。

“神马当从西北来”，丝路大宛名马以其神骏飘逸、奔跑迅速而得名“天马”，引得武帝开拓西域。曹植笔下“狡捷过猴猿，勇剽若豹螭”的白马英雄，承《风》《骚》之传统，取汉乐府之精髓，得文人诗之雅致，有秀出于众的“骨气”，呈多姿华茂的“词采”。冀北神骏报皇恩，马汗踏泥悲苦吟，北朝骑马弯弓射大雕的背景孕育出后世“骏马长鸣北风起”“功名只向马上取”的梦想与人生期待。

有唐一代，爱马之风尤盛。唐太宗亲作《六马图赞》，开启咏马之风。盛唐时期咏马诗呈现出繁荣局面，诗人们以马自比，意气风发，充满豪情壮志，迫切希望建立功勋，驰骋千里，多用“骐骥”“宝马”“骏马”“千里马”来表现自己蓬勃向上的豪迈情感。“诗圣”杜甫的十余首咏马诗，首首不同，表现其不同人生阶段的不同境遇，可谓咏马巨匠；李白、高适、岑参等诗人所作咏马诗，颇具深意，“马”意象成为他们表达建功立业情感的符号。中唐时期，社会由盛转衰，诗人们面临人生窘迫，仕途坎坷，为此，多用马来表现怀才不遇、步履维艰的悲愤情感，多用“瘦马”“病马”“老马”“疲马”等意象置换良马形象，整体上借咏马以抒发自己内心的悲愤不平，表现出诗人的失落困窘、凄苦衰败情结。晚唐的咏马诗，急剧走向衰微，诗人们悲苦不堪的不幸遭遇和悲剧命运成为创作咏马诗的思想基础，依托“马”诗发出批判社会不公的怒吼，抒发文人群体普遍的愁苦之情，展示出时代的悲凉。

宋时，辽、夏游牧民族政权相继崛起于北方和西北，宋王朝失去了宜于养马之地，浪漫主义的书写与感怀中多有良马难得的冰冷现实。伏枥老骥辛弃疾心意难平，发出“可怜白发生”的悲叹。“多少骅骝老去，至今犹困盐车”，一生骏骨有谁怜！瘦马驮诗天一涯。元代，文人远行在寻找精神家园的途中，“瘦马”意象为中国文学史的漂泊画廊中嵌入了具有元代特色的剪影。

明清时期，小说独放异彩，塑造了多层次的马形象，充分表现了马之内蕴。宝马英雄，相得益彰；上级赐马，笼络人才；进献骏马，谋利求和；神异之马，救助世人，亦有马妨其主，蒙祸受灾的题材。雪域高原育神马，流唱着格萨尔王的英勇；蒙古人将对英雄的倾慕融入对马的依恋之情中，江格尔传唱在疾风劲草的呼啸声中；中国戏剧“十有九马”，火焰驹四蹄生火传急讯，薛平贵降服红鬃烈马，窦尔敦盗御马，秦琼卖马喻英雄困境，敬马、爱马、崇马、颂马、赞马的民俗文化现象根植于中华民族的精神生活之中，继承延续至今。

驰骋畋马善弋猎

——《诗经·郑风·大叔于田》

叔于田，乘乘马。
执辔如组，两骖如舞。
叔在薮，火烈具举。
袒裼暴虎，献于公所。
“将叔无狃，戒其伤女！”

叔于田，乘乘黄。
两服上襄，两骖雁行。
叔在薮，火烈具扬。
叔善射忌，又良御忌。
抑磬控忌，抑纵送忌。

叔于田，乘乘鸨。
两服齐首，两骖如手。
叔在薮，火烈具阜。
叔马慢忌，叔发罕忌。
抑释掤忌，抑鬯弓忌。

粼粼密密的丛林中，猎火四起，映亮白昼，猛虎无处遁形，三叔袒裼暴

虎，献于郑公。寥寥数笔勾画出一位青年猎手壮勇善射的英俊形象。“三哥请勿太大意，提防老虎伤肌肤啊！”仰慕中关切，赞美中担心，女子千丝万缕的情愫跃然纸上，强烈的代入感使画面更富感染力。

《诗经》中，《大叔于田》是对“马”描述频率较高的诗篇，前后出现了十次，用马匹烘托打猎时的场景，侧面展示空拳打虎的英雄形象。“乘乘马”描述出猎手随公畋猎时的气势，驾车之马有四匹，他将四匹马柔如丝带般的缰绳握在手中，两面的骖马同服马协调一致，像舞蹈般整齐，寥寥八字，音、形、貌同现，达到了出神入化的地步。“乘乘黄”描写了猎手轻松御驾的英雄风度，四马毛色发黄，两匹服马仰首高昂，骖马整齐似雁行。在马行进中，“叔善射忌”，拉弓能穿百步杨，“又良御忌”，驾起车来最擅长，忽而勒马急停车，忽而纵马任翱翔。“乘乘鸨”刻画了猎手空手打虎和追射之后的悠闲之态，四匹花马跑不休，中央的服马并驾齐驱，两侧的骖马在旁而稍后，马儿们漫步前行，叔收了弓箭，从容内敛，张弛有度，与整个诗篇形成抑扬之势。

《诗经》305 篇，多次出现鸡、狗、鸟等动物意象，其中涉及“马”形象的

▼郑韩故城。春秋战国时期，郑国和韩国在此建都五百余年，其故地至今城垣逶迤

▲西周铜车軎、车辖，山西翼城大河口出土

诗有48篇，遍布于《风》《雅》《颂》。其中，《风》中有18篇，《雅》中有25篇，《颂》中有5篇，出现马的诗句共计147句。上至朝廷宗庙，下到寻常巷陌，无论场合雅俗，《诗经》描述的社会生活诸多方面中，都出现了马的形象。“国之大事，在祀与戎。”在军国大事里，马扮演着一种重要的角色。它除了像其他牲畜一样出现在日常生活中外，还俨然登上了肃穆庄重的政治舞台。

从马的功能上看，具体诗篇中的马大多与驾车相关。据文献记载，《诗经》时代无骑乘。《楚辞·国殇》中“车错毂兮短兵接”，“左骖殪兮右刃伤”和“霾两轮兮絷四马”，所写的都是车战；《资治通鉴》记载：“赵武灵王北略中山之地，至房子，遂之代，北至无穷，西至河，登黄华之上。与肥义谋胡服骑射以教百姓。”骑马之风才逐渐盛行。所以，战国时代以前，专门用来驾车的马，其大小、雌雄和体质都要符合驾车的条件；从形色体态等角度看，马的毛色、大小、雌雄、体质，往往重在表现它的健壮、威风、漂亮，以此映衬军容的强大整饬、场面的隆重热烈、车中人物的美丽等。

郑樵《昆虫草木略·序》：“风土之音曰风。”朱熹《诗经集传·序》“凡

《诗》之所谓风者，多出于里巷歌谣之作，所谓男女相与咏歌，各言其情者也。”据此，《风》反映的大多是人们的日常生活，而婚嫁、田猎、劳作、宴游等正是日常生活的主题。因此，《风》中多婚车、田车，也有役车、公车、游车。田车，亦作畋车，是专门用于打猎的车子。《小雅·车攻序》曰“宣王能内修政事，外攘夷狄，复文武之境土。修车马，备器械，复会诸侯于东都，因田猎而选车徒焉。”从这段话可看出田猎的重要作用。它既是“射”与“御”之能力的体现，又是实际军事战争的演练。《后汉书·班固传》云：“若乃顺时节而蒐狩，简车徒以讲武，则必临之以《王制》，考之以《风》《雅》。历《驺虞》，览《四驖》，嘉《车攻》，采《吉日》，礼官正仪，乘舆乃出。”但田猎毕竟不是真正的军事作战，《老子》“驰骋畋猎，俾心发狂”，说明它也带有娱乐的性质，因而田车的规格与兵车相比有同也有异。

田车与兵车同是四马驾车，车上都配有弓矢，均插有旗子，但是驾车之马不同。《周礼·冬官考工记》注曰“兵车乘车驾国马，明田车駷马也。”《周礼·冬官考工记》注曰“国马，谓种马、戎马、齐马、道马，高八尺。……田马七尺。”据此，驾田车的马要比驾兵车的马矮一尺，档次上低一级。在具体形制方面，《周礼·冬官考工记》还说：“国马之辀深四尺七寸，田马之辀深四尺。”注曰“国马……高八尺，兵车、乘车轵崇三尺有三寸，加轸与轐七寸，又并此辀深，则衡高八尺七寸也。除马之高，则余七寸，为衡颈之间

▼商代青铜兽面纹铙，南京江宁出土

西周王系简图

1文王 — 2武王 — 3成王 — 4康王 — 5昭王 — 6穆王 — 7共王

7共王 → 8懿王、9孝王

8懿王 → 10夷王 — 11厉王 — 12宣王 — 13幽王

▲西周王系简图

也……（田车）轸与轐五寸半，则衡高七尺七寸。”可以看出，田车的轮子要比兵车小三寸，辕要短七寸，轸、轐、衡也要低些。故而田车要比兵车规格小，车身小也就更加灵便。《诗经·还》为我们描述了一位猎手的高超驾驭技巧，“还”“驱”“从”“茂”“昌”等词在这里都衬托出田车的轻便性。

作为田猎用途的马，《诗经·大叔于田》中的马队由服马（古代一车四马，中间两匹驾辕的马称为服马，服马用辕、衡拉车）、骖马（驾车时位于两旁的马称为骖马，骖马用系于车底的引绳拉车）构成，铺设马匹阵容为刻画人物形象而设，以此突出“叔”的英雄形象，烘托田猎场面。

“将叔勿狃，戒其伤女。”令这猎火照亮的车马猛虎多了些许儿女情长，也生出些人间烟火来。

战马出征何时归

——《诗经·秦风·小戎》

小戎俴收，五楘梁辀。
游环胁驱，阴靷鋈续。
文茵畅毂，驾我骐馵。
言念君子，温其如玉。

▼秦人“好马及畜”，拥有利于作战的便捷坐具，又长于骑射，因而具有强大的战斗力和勇猛的冲击力

在其板屋，乱我心曲。

四牡孔阜，六辔在手。
骐骝是中，䯄骊是骖。
龙盾之合，鋈以觼軜。
言念君子，温其在邑。
方何为期？胡然我念之！

俴驷孔群，厹矛鋈錞。
蒙伐有苑，虎韔镂膺。
交韔二弓，竹闭绲縢。
言念君子，载寝载兴。
厌厌良人，秩秩德音。

▲蒙恬为秦将，北逐戎人，开榆中地数千里，大大促进了北方各族人民经济、文化的交流和融合

那日秦师出征，号角响起。凛冽的朔风呼啸震耳，芨芨草上凝结着厚厚的白霜，越过空旷的山梁穿得很远。出征的队伍浩浩荡荡，战车威武，五根皮条缠住车辕，马具齐全，拉车的皮带上穿着铜环，虎皮坐垫为战车增添了些许威严。花马驾车，青马与枣红马站在中间，两侧为黄马与黑马，匹匹健壮挺拔。士兵们手执绘了龙的盾牌，腰挎刻着花纹的虎皮弓袋，袋中的弓箭用篾绳紧紧捆住，交叉放在一起。“我”清楚地记得那日的点点滴滴，那温润如玉的夫君手拿缰绳，执鞭驾车的样子时时浮现在“我”眼前。这间用木板搭建的屋子里到处都是他的气息，而今空空荡荡，因这四溢的想念更显寂寥，问君何时是归期？

这是一幅动态的古代战车兵阵图。借思君民妇的描述，精心描摹刻画了兵车之善、战马之良、武器之精，展现出秦师出征的盛大场面。全诗共三节，每节的前六句分别向我们展示了秦国精良的战车、战马和武器。车辕、梁辀、

▲西周时期的车軎、车辖，陕西渭南阳郭乡出土

虎皮坐垫、辕绳、画龙的盾牌、白铜绳环、高大健壮的马匹，借助静物的描述言说战士们为国赴敌的豪壮之举。三菱状的长矛、圆锥形镀锡铜镦、虎皮的弓袋、弓袋上的镂金、锋利的弓箭，这些先进精良的兵器，显示了秦兵的强势。

诗中“言念君子”反复出现，成为全篇主调。首章所“思”突出惦念之深情，惦念征夫在前线的战斗生活；次章所“思”中突出盼望之情，盼望征夫早日凯旋；三章所“思”中突出自豪之情，夸奖自己的丈夫不同寻常。种种思念之情，表现了思妇既支持丈夫出征以报效国家，又盼望丈夫归来同享天伦的两极心理。《国风》中的其他婚恋诗，如《周南·汝坟》《卫风·伯兮》等内容只涉及爱情、婚姻、情感，或思之切，或恨之深。而在《小戎》中，思夫、夸夫与颂美国威，几种情感交织在这首诗歌中。这是《国风》中唯一一首情感复杂的思念之歌。

一位普通的民妇，却对秦军的战车、战马、铠甲、配饰及武备如此熟知，在反复“言念君子”的同时，流露出对战事的支持以及对征夫的理解，体现了秦地妇女对国家武力的赞美。思夫之情被正统地淡淡道出，虽然怀思远征的丈夫，但又矜夸秦师的兵强马壮，军威大震，这与《诗经》中其他战争诗迥然不同。《诗经》中描述的战争，大多表达人民的厌战情绪，表现征夫行军的劳苦，唯独《秦风》中的战争诗表现出高昂雄壮的战斗精神，这与秦地民风密不可分。

受西戎的影响，秦国的畜牧经济很发达。从《驷驖》《小戎》两首诗中可以看出，关于马的词汇特别丰富：赤黑色的马叫“驖”，红身黑鬃的马叫“骝”，青黑色有如棋盘格子纹理的马叫“骝”，左足白的马叫“骣”，黄身黑嘴的马叫“騧”，额顶有白毛的马叫“白颠”。如此细致入微的分辨、丰富多彩的词汇，正是秦人畜牧经济高度发达与狩猎活动长期开展的反映。

具体来说，戎狄文化对《秦风》的影响很大，表现在整个国家的尚武好战习俗、先进的车马兵器装备、高超的射猎技艺、发达的畜牧经济等方方面面。秦人“好马及畜”，拥有利于作战的便捷坐具，又长于骑射，因而具有强大的战斗力和勇猛的冲击力。源于游牧民族根本的心理意识，秦人长期征伐中形成了崇尚武力的精神。秦人祖先大费“佐舜调驯鸟兽”，非子为周养马，“马大蕃息”，因主马政被封于“秦”地，襄公替平王收取岐、丰之地。秦人扶持周天子的同时，获取了直接的利益。长期以来，秦人有高度的社会责任感，平民、妇女都以国家利益为重。《毛诗》序曰：“《小戎》，美襄公也。备其兵甲，以讨西戎。”秦师凭借这样强盛的装备，替周王室维持了西周故地的安定。《秦风》中的两首与战争有关的诗歌体现了秦人的尚武精神，这是秦人统一全国的原始财富，也是《秦风》战争诗有别于《诗经》中其他战争诗的根本

▼ 1973 年，西安南郊杜城村出土的秦国兵符。虎符“右在君，左在杜”，字体为小篆

原因。

《小戎》所言，战车形制之繁，装饰之华丽，马匹种类、毛色之多，古诗中未有出其右者。《石鼓文·车工》首四句：“吾车既工，吾马既同，吾车既好，吾马既麟。”用“工”“同”“好”“麟”，四字赞扬襄公车马之精良。《秦风》十篇，就有两篇赞美襄公车马之盛，并非偶然，从一定的角度反映了襄公时的“车马之盛”，更从一定方面折射出秦襄公的“车马之好”。秦人有着悠久的驯养马匹、驾驭车马的历史，热爱车马，在诗歌当中吟唱，也属自然。除《秦风》诸篇之外，还可以在秦石鼓诗中看到大量关于马的吟唱。这都说明，马已经成为秦人的生活符号、文化符号及艺术符号。此外，诗中所言马匹，兼具赤、黑二色，正好满足了“周人尚赤”“秦人尚黑”的习俗，说明秦人对马匹的选择受到周文化的深刻影响，同时又保留了自己鲜明的民族特色。

秦人牧马，狩猎场上、牧场上、战场上，万马奔腾、戎车突进，雄壮场景令人震撼，长驱突进、以快制慢，令人产生居高临下、以强凌弱的快感。这种直观的感受在长期的视觉审美中培养出雄壮凌厉的趣味来，促使《秦风》慷慨雄壮，秦地音乐高亢铿锵，声震林木，响遏行云。如今，陕北民歌凄厉悠长，穿透千百年的时光，秦腔悲凉粗犷，回响在西北的高山巨壑上。

駉駉牡马生神采

——《诗经·鲁颂·駉》

▼蜀石经，是儒家“十三经”的首次结集

駉駉牡马，在坰之野。

薄言駉者，有驈有皇，有骊有黄，以车彭彭。

思无疆，思马斯臧。

駉駉牡马，在坰之野。

薄言駉者，有骓有駓，有骍有骐，以车伾伾。

思无期，思马斯才。

駉駉牡马，在坰之野。

薄言駉者，有驒有

骆，有骝有雒，以车绎绎。

思无斁思，马斯作。

駉駉牡马，在坰之野。

薄言駉者，有骃有騢，有驔有鱼，以车祛祛。

思无邪，思马斯徂。

一望草色青无际，放牧远郊近水涯。

群马雄健骏美，撒着欢儿在旷野里奔跑。毛带白色的有驈皇，毛色相杂的是骊黄，驾起车来奔前方。黄白为骓灰白駓，青黑为骍赤黄骐，驾起战车上战场。驒马青色骆马白，骝马火赤雒马黑，驾着车子跑如飞。红色为骃灰白騢，黄背为驔白眼鱼，驾着车儿气势昂。马儿们成才实堪嘉，气势轩昂地驾起战车，驰骋在原野之上。

诗始，叠音字“駉駉”摹状群马的雄健壮硕，将读者带入到意境开阔、饶

▼图为山东济南曲阜城东北的周公庙

有情趣的远郊放牧场上。四章结构相同，却各有侧重，描述出马的四种特点，因一乘之马为四匹，所以又在每章中举出了四种毛色的骏马。首章写马的德性，列举了驈、皇、骊、黄四种毛色的马，错杂相间，煞是好看。“以车彭彭”描写出了马儿拉车时的稳健有力，末句一个“臧”字，点明了骏马驯良的德性。二章写马的力量，并列举了骓、駓、骍、祺四种毛色的马，多种色彩互相映衬，绚丽夺目。“以车伾伾”描写出了马儿的矫健有力，末句一个“才”字，点明了骏马筋力强健的才力。三章写马的精神，列举了驒、骆、騮、雒四种毛色的马，杂然相处，文采斐然。“以车绎绎”描写出了马儿风驰电掣般善于奔跑的气势，末句一个“作”字，极其传神地写出了骏马奋起腾跃的动态与精神。正如杜甫在《画马赞》中所描绘的那样，真是“四蹄雷雹，一日天地”。四章写马的志向，骃、騢、驔、鱼合述于此，异彩纷呈。“以车祛祛”描写出了马儿能负重远行的强健，末句一个“徂”字，点出了骏马日行千里一往无前的豪迈气概。

▲春秋时期，铜卧马形带饰，体现了先民对马的热爱与崇尚

《诗经》中不乏写马的佳句，然而通篇写马的诗却仅《駉》一篇。诗人不厌其烦地对16种马的形状和毛色进行了生动细致的描述，写出了骏马的气势和神采，可谓颂马诗中的佳作。关于《駉》篇的主旨，歧说甚多。大致可概括为四种。其一为颂僖公说，诗序：“《駉》，颂僖公也。”其二为赞美鲁的先祖伯禽牧马之盛说。其三为借养马以喻人才之盛说。方玉润《诗经原始》：“此诸家皆谓‘颂僖公牧马之盛’，愚独以为喻鲁育贤之众，盖借马以比贤人君子耳。……窃意伯禽初封，人才必众，故诗人假借牧马以颂育贤，为一国开基盛事。”其四为敌虏献马说，《南齐书·王融传》中认为《駉》篇中众多的良马

▲图为内蒙古鄂尔多斯出土的匈奴武士骑马铜像

是被征服国所献的良马，有“駉駉之牧，不能复嗣”的责问。

回归到《駉》诗描述的春秋时期，对马匹的赞美，确实是对鲁国实力的肯定。鲁国实力的强大，正是当政者鲁僖公“能遵伯禽之法”的结果，是他为“鲁人尊之”的重要根据。

早在原始社会末期，就可见中国养马业的雏形。日本学者吉崎昌一在《马与文化》中说：“至迟在新石器时代，中国人已由容易地支配、驯服马到驯养马。”我国古代典籍对驯化马有明确的记载，如《易经·系辞下》云：“服牛乘马，引重致远，以利天下。”《新唐书·王求礼传》云：“自轩辕以来，服牛乘马。”《世本》云“相土作乘马”，即商十一世祖相土时即开始驯养马匹。当然，马的驯养、役使应早于相土时期，但《世本》中的记载也恰恰说明了马的价值早在殷商时期就为人们所意识到，马的军事功能逐渐引起重视。商朝时战争主要是车战，战车的使用在商末已有相当的规模，如“武王戎车三百两，虎贲三百人，与受战于牧野”，用到车就需要马匹，此时期一车一般是由两马驾。

降至商灭周立，马匹的饲养规模有了更大的发展，马政制度十分健全，国家设有专门负责养马的机构与官职。《周礼·夏官》中的大司马与《周礼·地官》中的大司徒职有专司，负有掌管马匹的职责，大司马掌官马，大司徒掌民马。在《周礼·夏官》中记载的管理马匹的有关职官有马质、校人、趣马、巫马、牧师、廋人、圉师。在《诗经》时代，军事力量的强弱主要看兵车的多少，兵车好坏的关键又在拉车的马，所以，马业的兴旺成为一个国家强盛的象征。《诗经》对马的歌颂，往往包孕着对国家经济与军事力量讴歌的因素。

马，《说文》《释名》均训为“武也”。马与武事有密切关系，故养马用马被称为“甲兵之本，国之大用。安宁则以别尊卑之序，有变则以济远近之难”。国家财富的多寡、国力的强弱体现在“百乘”、“千乘”等词语上。故而，《駉》虽是一首牧马之诗，却反映出鲁国国力之雄厚和军力之强大，与“以其成功告于神明”的《周颂》在制度与文化精神方面相吻合，表达了鲁人对于僖公能够重视马政建设，以养马来增强国家军事、经济实力行为的肯定与赞颂。为此，作为讴歌鲁国国君的治国功绩、“以其成功告于神明”的《鲁颂》，同样把马作为这组乐歌的歌颂对象。《鲁颂》的四首诗都写到了马，《駉》写到駉、驈、皇、骊、骓、駓、骍、祺、驒、骆、骝、雒、骃、騢、驔、鱼；《有駜》写到駜、牡；《泮水》写到马；《閟宫》写了骍。这种篇篇有马的祭祀组诗，在《诗经》三颂中仅此一家。

天穹湛蓝，白云漂浮，原野一望无垠。碧草茵茵，野花丛丛，如地毯般的草地平平展展，游动着一群群膘肥体壮的骏马。牧草丰美，群马率性而动，它们或饮水食草，或掉尾驱虫，或昂首而立，或偃然而仆，或交颈相摩，或分背相踢……“秉心塞渊，騋牝三千”的一国之君，值得颂扬。

四牡骓骓行役难

——《诗经·小雅·四牡》

四牡骓骓，周道倭迟。岂不怀归？王事靡盬，我心伤悲。

四牡骓骓，啴啴骆马。岂不怀归？王事靡盬，不遑启处。

翩翩者鵻，载飞载下，集于苞栩。王事靡盬，不遑将父。

翩翩者鵻，载飞载止，集于苞杞。王事靡盬，不遑将母。

▼桓魋石室墓，传为春秋时期宋国司马桓魋之墓

驾彼四骆，载骤骎骎。岂不怀归？是用作歌，将母来谂。

▲春秋时期马形铜纽扣

漫漫长路，马不停蹄。眼见翩翩飞翔的鵻鸟，想起远方的双亲。四匹快马承载着思念和牵挂，翻飞的马蹄是主人似箭归心的律动，是奔波在外的辛劳和欲归不敢归、欲孝而不能的无奈。

这是一首行役诗，是后世行役诗的滥觞。全诗在“王事靡盬”与“岂不怀归”一对矛盾中展现了人物“我心伤悲”的感情世界。路上所见颇多，却单单拈出鵻，可谓用心良苦。《左传·昭公十七年》：“祝鸠氏，司徒也。”杜预注：“祝鸠，鷦鸠也。鷦鸠孝，故为司徒，主教民。”马瑞辰《毛诗传笺通释》云：“是知诗以鵻取兴者，正取其为孝鸟，故以兴使臣之不遑将父、不遑将母，为鵻之不若耳。”诗人见孝鸟而有感于自己不能在家“启处”（安居），更谈不上尽孝于父母，让孝鸟与客观上已成了不孝的人做对照，感喟良深。全诗有三章写到马，毛色华贵的骆马却不得不终日拼命地跑，闲鵻与累马形成鲜明有趣的对照，衬托出使臣的疲劳烦恼。

整个《诗经》中，《小雅·四牡》的内容较简单，篇幅不长，但这首诗位于《小雅》第二篇，我们不难想象它的重要性。《小雅》自《鹿鸣》至《天保》六篇，《鹿鸣》燕群臣嘉宾之事为首，次篇即为《四牡》。《四牡》是“燕劳群臣朋友”这一主题系列中不可或缺的一节，起着承上启下的纽带作用。

历代对《四牡》作者的判定主要存在两种分歧：一是“君代臣言”，一是“使臣自作”，这两种分歧直接影响着《四牡》主旨的认定。为此，《四牡》的主旨也出现了两种理解：一是“慰劳使臣”说；一是“使臣念忆父母，怀归伤悲”说。无论何种理解，马都是感情表达的媒介，承载着抒情主人公的情愫。

马在《诗经》中的出现，主要有两种形式。一是物象的马，主要描写马在周代社会中的作用，如战争、狩猎、日常生活等，它的价值主要是功用性。第二种形式即意象之马。意象是我国古代诗歌艺术中出现较早又得到广泛运用的一个重要理论。《易经·系辞》：“圣人立象以尽意，设卦以尽情伪。”常“近取诸身，远取诸物”，用“象”的手段来表意。刘勰《文心雕龙·神思》：“意翻空而易奇，言征实而难巧也。”在艺术创作中要“窥意象以运斤”，“神用象通”，即用“象”来表“神”，用具体的物象来表达作者的思想感情。

赋、比、兴是《诗经》最主要的表现手法。对于赋、比、兴的理解，朱熹曰：“赋者，敷陈其事而直言之也。”“比者，以彼物比此物也。”“兴者，先言他物以引起所咏之词也。”马作为兴在《诗经》中是不存在的，只有“赋”和“比”中的马。

▼图为山西博物院藏青铜鼎局部纹饰

《诗经》运用铺陈的手法描绘了各种各样的马，记录了它们在不同场合的活动。从中我们不仅可以直观地把握这种动物，还可以通过对马的描述感受到诗篇想要传达的某种情绪、营造的某种氛围。《诗经》中有9篇写到行役之马，即《卷耳》《载驰》《渭阳》《四牡》《杕杜》《白驹》《崧高》《烝民》《有客》。《四牡》和《杕杜》皆言疲病之马，侧面烘托了远行之劳苦。《四牡》里的“四牡騑騑”，《杕杜》里的“四牡痯痯”，疲病的马不仅反映了长途跋涉的辛苦，也渲染了主人久役在外的悲凉气氛，传达出主人思归不得的哀戚情绪。马都倦了，何况远行的

天马如疾风，刹那没云中。“马”这一具有灵气且悉通人性的动物，影响着一代代文学家，形成了以马喻人的创作方式，使得马之精神与神韵流传在千百年的历史长河中

人呢？而疲劳的时候，往往是倦怠的时候，倦怠的时候最容易生出思念之情，故“马疲”正是思念泛滥，甚至相思成疾的象征。再如，思妇想象丈夫“我马虺隤”，女子思念久役的丈夫“四牡痯痯”，出使的官吏之马“四牡騑騑”。

在《诗经》中，有的马的比喻句用得比较隐晦，后人阐释的意思也不尽相同。如《小雅·角弓》：“老马反为驹，不顾其后。”郑玄、欧阳修、朱熹都认为是取譬之句，但解说却不相同。郑笺曰：“喻幽王见老人，反侮慢之，遇之如幼稚，不自顾念。后至年老，人之遇己亦将然。”欧阳修《诗本义》：“述谄佞之人，变易是非善恶，乃以老马为驹，不顾人在其后则辨是非。”朱熹《诗集传》：“言其但知谗害人以取爵位，而不知其不胜任，如老马惫矣，而反自以为驹，不顾其后，将有不胜任之患也。”

马被作为一种具有实用价值的物象被频繁地写入《诗经》，经过了作者审美心理的转换后，蕴含了丰富的文学价值、美学价值。尽管在早期的《诗经》中发展还不是很成熟，但《诗经》中的马意象对中国后世文学产生了深远影响。

新婚骏马辔如琴

——《诗经·小雅·车辖》

间关车之辖兮，思娈季女逝兮。匪饥匪渴，德音来括。虽无好友？式燕且喜。

依彼平林，有集维鷮。辰彼硕女，令德来教。

▼江苏常州淹城遗址，距今已有2700余年历史，是国内保存最完整、形制最独特的春秋地面城池遗址

式燕且誉，好尔无射。

虽无旨酒？式饮庶几。虽无嘉肴？式食庶几。
虽无德与女？式歌且舞？

陟彼高冈，析其柞薪。析其柞薪，其叶湑兮。
鲜我覯尔，我心写兮。

高山仰止，景行行止。四牡騑騑，六辔如琴。
覯尔新婚，以慰我心。

四马迎亲的车轮咯咯作响，婚车一路前行，穿过密密的丛林，跨过巍耸的山冈。看着如琴弦般整齐的缰绳，想起姑娘的美貌与贤德，娶亲的人儿心花怒放、百忧顿消。《左传》昭公二十五年载，叔孙婼如宋迎女，赋《车辖》。

▼战国晚期青铜车马俑，江苏涟水县三里墩出土

这是一首咏新婚之诗，以男子的口吻写娶妻途中的喜乐及对佳偶的思慕之情。

在《诗经》有关马的作品中，有5篇写到婚嫁迎亲之马，即《车辖》《汉广》《硕人》《东山》和《鸳鸯》。《硕人》中“四牡有骄，朱幩镳镳”，通过对高大矫健、装饰华美的四匹马的描写，烘托了庄姜出嫁时的排场热闹，亦从侧面照应了第一章高贵身份地位的叙述，马成了用来赞美新妇、嘉许庄公和庄姜婚事的载体。《东山》之马是征人回忆与妻子结婚时的迎亲之马，“皇驳其马”衬托出新娘子的漂亮，将征人的思绪引入对未来的遐想。在与婚姻有关的诗篇当中，《汉广》中的马稍有特殊。“言秣其马”，虽然也是喂婚嫁用的马，但是抒情主人公并不是婚姻当事人，他爱的姑娘要出嫁了，可是新郎官不是他。满怀爱慕，无奈现实残酷，却甘心去喂给新娘驾车的马，以此来表达他对女子的美好祝愿。

▲编钟是中国古代大型打击乐器，兴起于西周，盛于春秋战国直至秦汉，与车马器一样，是重要的礼器

古代的婚仪，有非常繁复的礼节，单就迎亲之礼来讲，即有不少规定。《仪礼·士昏礼第二》：“乘墨车，从车二乘，执烛前马。妇车亦如之，有裧。”又曰：“婿御妇车，授绥；姆辞不受。妇乘以几，姆加景，乃驱。御者代。婿乘其车先，俟于门外。”按照周礼，结婚的热闹喜庆场合，马是必不可少的。因此，马似乎成了新婚夫妇喜结良缘的见证。婚嫁迎亲以马，是为古礼。最早出现在《易经》当中：“贲如皤如，白马翰如，匪寇，婚媾。”

周代重礼。在“郁郁乎文哉”的盛况中，婚礼细节亦马虎不得，故可想见马在婚礼中的重要。不仅马车数量之多是新人地位尊贵的象征，马的健壮漂亮也常常映衬出新娘的美丽，暗示着这桩婚事的完美，同时也包含着旁观者

▲新婚骏马辔如琴

对新人的赞许和祝福。《硕人》中的新娘子是庄姜，出身尊贵，形貌秀丽，深受大家喜爱，她和卫庄公的结合亦是佳话。看她的迎亲队伍“四牡有骄，朱幩镳镳”，马成了用以赞美新妇、嘉许庄公和庄姜婚事的载体。与此相比，《干旄》显得比较特殊，它写的是一个贵族青年兴奋地驱马去和心爱的姑娘约会。尽管这不是一首祝颂新婚的诗，但在对二人情感世界的描写中，“良马”起到了重要的媒介作用，见证了二人的深厚情谊。所以，姑且可以将之纳入婚姻一类。由以上分析可看出，马意象在《诗经》中有深层次的含义。

作为我国最早结集的诗歌总集，《诗经》是我国文学的源头和现实主义文学的滥觞，它萌生、创作、流播于宗周礼乐文明的土壤之中。闻一多先生在《歌与诗》中认为“原本诗是记事的，也是一种史”。钱锺书先生也认为，“诗者，文之一体，而其用则不胜数。先民草昧，词章未有专门。于是声歌雅颂，施之以祭祀、军旅、昏媾、宴会，以收兴观群怨之效。记事传人，特其一端，且成文每在抒情言志之后……然诗体而具纪事作用，谓古诗即史，史之本质即是诗，亦何不可！”《诗经》中以马为见证的婚嫁诗是周代婚俗文化的镜子，不仅折射着当时人类的婚嫁形态，而且也潜隐着当时人们的婚恋观念。

在《诗经》中，马与婚嫁诗的关系源于它的实用性。马是当时重要的交通工具，在举行婚礼时是迎亲的必备工具，更可彰显婚礼的盛大。当时，完成婚姻需要六个步骤，即纳采、问名、纳吉、纳征、请期、迎亲“六礼”。“六礼”中最重要的就是迎亲仪式，就是婿亲往女家迎娶，古人对此极为重视。自私有制产生后，社会财富主要集中在以男性为中心的显贵家族中，迎娶意味着增加财富，扩大家族规模。在迎亲之前，需要准备马匹拉车，显示男方家族的经济实力与社会地位，也是对女方的尊重。在情谊方面，也能显示男方迎娶的态度，表达出男子对未来妻子的重视与爱慕。《礼记·昏义》载，迎亲的过程中有“降出，御妇车，而婿授绥，御轮三周，先俟于门外”的步骤，马不仅是一种交通工具，还是男方完成礼仪的必需之物。

四马奔驰，载着圆珠圭璧的恋歌，诉说着民间儿女的“行歌互答”，开启了我国婚恋文学的先河。

四马六缰祈福祉

——《诗经·鲁颂·闷宫》

乃命鲁公，俾侯于东。锡之山川，土田附庸。周公之孙，庄公之子。龙旂承祀。六辔耳耳。春秋匪解，享祀不忒。皇皇后帝！皇祖后稷！享以骍牺，是飨是宜。降福既多，周公皇祖，亦其福女。

……

▼曲阜鲁国故城的周公庙，也称鲁太庙

▲西周铜钥匙形车马饰，北京龙庆峡出土，首都博物馆藏

万舞洋洋，四马六缰青丝鞚，龙旗仪仗一一排开，献上赤牛牺牲，祭祀的场面肃穆宏大。牛形酒樽碰撞出清脆响声，烧烤好的乳猪发出吱吱的声响，大盘大碗里装满了鲜美的食物，肉汤的香气飘溢在广场上。祭奉先祖是一件庄重威严的大事，春祭秋尝丝毫不敢懈怠，赞颂鲁僖公兴祖业、复疆土、建新庙，祈愿上天降福！

僖公后期有七年的太平时期，政治稳定，经济强大，有操演万舞和举办各种祭祀的实力，祭祀成为国家大事。加之鲁国大兴礼乐教化活动，有使用天子礼乐的特权，閟宫之祭是周王室对鲁国的特殊礼遇。《閟宫》篇说“白牡骍刚，牺尊将将。毛炰胾羹，笾豆大房。万舞洋洋，孝孙有庆”。《泮水》篇言“薄采其芹”“薄采其藻”“薄采其茆”，都是僖公举行各种祭祀的明证。祭祀讲究庄严、整饬和对称，“龙旗承祀，六辔耳耳”。画有蛟龙的旗用于古代诸侯的祭典，马车用来载旗，六条马缰绳对称，与祭祀的整体要求相吻合。诗人从周朝的发生、发展、壮大以及鲁国的建立讲起，着重从祭祀和武事两方面反映出鲁国光复旧业的成就，突出僖公建周的大功劳，对鲁国辉煌的历史进行讴歌，叙述鲁公军队攻无不克、战无不胜的战绩。作为祭祀诗，在诗篇中用到马形象，有塑造贤臣明君形象的意味。《礼记·祭义》：“致礼以治躬则庄敬，庄敬则严威。”说明通过修身显示出威仪形象能“致礼”。君臣贵族阶层明白礼的教育作用，明白尊贵威严的仪容是令人敬慕的标志。《鲁颂》直接用“穆穆鲁侯”“明明鲁侯”“敬慎威仪”等诗句抒写僖公的威仪，还善于以马象征鲁僖公和贤臣，借马比喻实力强大的鲁国。

▲西周车马銮铃，北京房山区琉璃河出土，首都博物馆藏

《左传》成公十三年载刘子语："国之大事，在祀与戎。"在春秋诸侯争霸的时代，各诸侯国要保证自己的生存，必须发展经济与军事实力。而在冷兵器时代，马作为战略物资，是战车的主要牵引动力，是可以参与战争角逐的特殊动物。马匹数量情况是左右战场胜负的重要因素，自然就成为当时国家经济与军事力量的象征。《閟宫》："公车千乘，朱英绿縢，二矛重弓。"孔《疏》："此又美其用兵征伐，公之兵车有千乘矣。"古代兵车，以乘为单位，一乘配有四匹马。公车千乘，说明僖公时鲁国拉车的战马众多，这是以马作为战略物资的实证。《诗经·鲁颂·駉》写多种名称的马，反映了鲁国的马政情况。马政是国家行政的一项重要内容，是日常备战时操演马与车、马与马、马与士兵协同训练的管理制度。每年季秋之月，国君就颁布马政命令，由校人具体实施马政事务。《礼记·月令》中说："是月也，天子乃教于田猎，以习五戒，班马政。"郑玄注曰："教于田猎，因田猎之礼教民以战法也。五戒，谓五兵：弓矢、殳、矛、戈、戟也。马政，谓齐其色，度其力，使同乘也。《校人职》曰：'凡军事，物马而颁之。'"人们对马的厚爱的文化事实背后隐含的是当时社会的政治秩序、生活秩序、生产秩序，其诗学意义在于揭示"宗庙事"与"礼仪性"的一致性。

《鲁颂》写到名目繁多的马，但所写的都是好马健马，没有劣马羸马，这与祭祀用马有关。《閟宫》作为鲁国的祭祀乐歌，深受周代祭祀颂歌影响。在《诗经》中，作为出现于祭祀场合中的马，仅《閟宫》一篇。周人在祭祀时，对祭品有严格要求，认为这是神人交流时极为重要的载体。人们将对神灵和祖先的祈求寄托于此，认为祭品越珍贵美好，越能体现出他们的虔诚，从而更好地获得神灵祖先的庇佑。由于马对于人类的杰出贡献，在很早以前就是供奉和祭祀神灵的重要祭品之一。这种对马的尊崇实际隐含着“马是天命的使者”的文化原型，同时，这种文化心理原型又以种种礼仪构成的祭礼的形式出现。

据《周礼·夏官·司马》记载，周代有“考牧”制度，有专治马病的“巫马”和为良马保健的“趣马”，国家还设有评议马价、鉴别马的优劣的“马质”一职。周人对马的爱，源于早期的马神崇拜，《诗经》时期还有祭祀马神的习俗。《周礼·夏官·校人》中说：“凡马，特居四之一。春祭马祖，执驹。夏祭先牧，颁马，攻特。秋祭马社，臧仆。冬祭马步，献马，讲驭夫。凡大祭祀、朝觐、会同，毛马页颁之，饰币马，执扑而从之。”春天祭祀马祖，夏天祭牧，秋天祭马社，冬3天祭马步，这些祭祀活动都使用了马。一年四季的马祭活动除了对马祖、对先牧之神及马社的祝祷外，还包含有禳除马灾，祈求马健体硕的部族生存的集体意识。《诗经·小雅·吉日》中也有记载“吉日维戊，既伯既祷”，即言春日田猎前祭马祖事。毛传曰：“伯，马祖也。重物慎微，将用马力，必先为之祷其祖。祷，祷获也。”《尔雅·释天》中说：“既伯既祷，马祭也。”《周礼·夏官·校人》：“凡宾客，受其币马。大丧，饰遣车之马。及葬，埋之。田猎，则帅驱逆之车。凡将事于四海山川，则饰黄驹。凡国之使者，共其币马。凡军事，物马而颁之。”这种祭祀马神的礼俗相沿不衰。自汉代始，发

▼战国方形镂空卷草纹车马饰件，甘肃秦安县五营乡王家洼出土

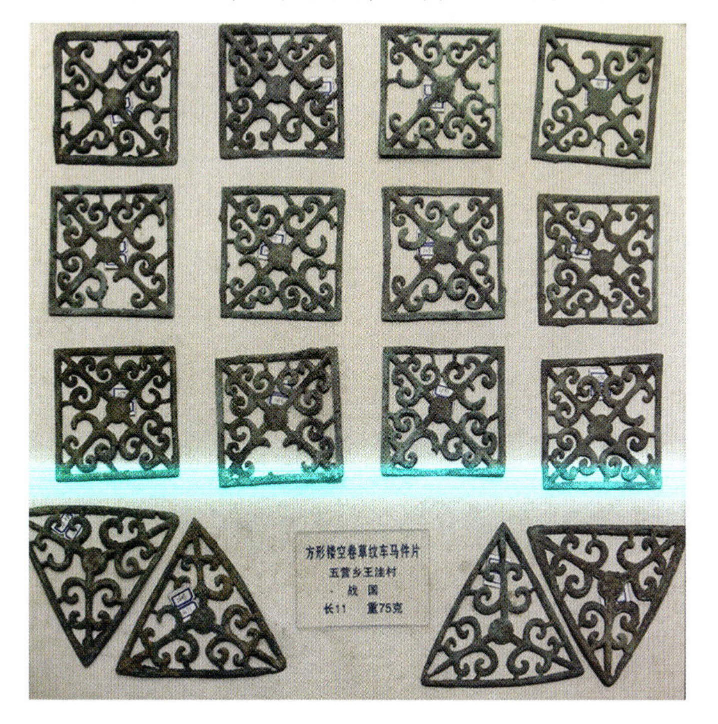

文学卷

展为将农历正月初六定为“马日”。在这一天，人们可据天气阴晴而占卜当年养马之兴衰结果，进而决定是否将马儿交配、繁衍后代。后来，南方广大地区的养蚕者对蚕神“马头娘”的崇拜与祭祀，则可看作是对祭祀马神礼俗的一个变形。

看，祭奠的旗子在风中呼呼作响，雄健的马匹拉起了载旗的车辆，巫师喃喃自语，青烟袅袅升起，焰火映红了人们的脸庞。

马蹄飞跃幻为神

——《山海经》

又北百里，曰黑差之山，无草木，多马。又北百八十里，曰北鲜之山，是多马。鲜水出焉，而西北流注于涂吾之水。又北百七十里，曰隄山，多马……又北三百八十里，曰湖灌之山，其阳多玉，其阴多碧，多马。

——《北山经》

夸父之山，其木多棕楠……其北有林焉，名曰桃林，是广员三百里，其中

▼车和马是古代陆上的主要交通工具

多马。

——《中山经》

《山海经》是先秦时期流传下来的一本古籍，为神话文学的鼻祖。全书共分 18 卷，分《山经》与《海经》两大部分，其成书的具体年代与作者至今还未有定论。中国神话研究学者袁珂认为此书是战国初期到汉代初期的楚国或楚地人的作品，计 31000 余字，以地理方位为文章的主要线索，描写了包含地理、历史、宗教、民俗、动物、植物、矿藏、医药、奇禽异兽等内容，所描绘的很多内容我们并没有见过，极具神秘色彩。

一、实绘之马

《山海经》中写“马”共 11 处，提到“马”5 处，“青马”1 处，“三青马”1 处，“三骓”4 处，并描述了与马相关的兽类、神类及与马关联的山川水木。如上文中所言“多马”，描述了马生活的环境：有草木鲜有的罴差山，水草丰茂的北鲜山、隄山，玉石矿产丰富的湖灌山，树木繁盛的夸父山和桃林等。

《山海经》中关于“青马”的描述都出现在《海经》部分。《海外东经》中描述：“嗟丘，爰有遗玉、青马、视肉、杨柳、甘柤、甘华，甘果所生。”《大荒南经》中描述：“有南类之山，爰有遗玉、青马、三骓、视肉、甘华，百谷所在。”“有盖犹之山者，其上有甘柤，枝叶皆赤，黄叶白华而黑实。东又有甘华，枝干皆赤，黄叶。有青马，有赤马，名曰三骓。有视肉。”这三处提到青马，将其与其他动物、植物共同列举提出，并没有对“青马”做特别的描述，可见“青

▼远古神话的碎片总集——《山海经》

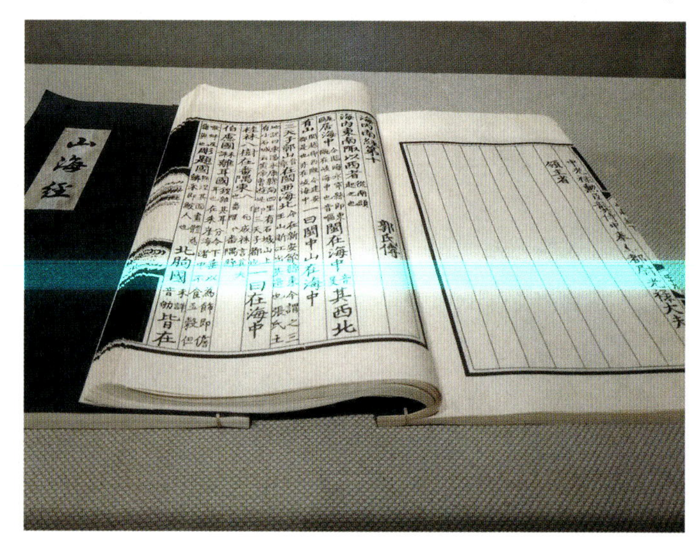

马”并不是一种特殊的动物。《大荒东经》中有一处提到“三青马”“东北海外，又有三青马、三骓、甘华”，应是与青马同类型的马类品种。

▲战国青铜马面饰品，内蒙古自治区博物院藏

“三骓”在《山海经》中常与青马、三青马共同出现，是苍白色的杂毛马，有时又被解释为赤马。《大荒南经》中描述：“有盖犹之山者，其上有甘柤……有青马，有赤马，名曰三骓。”即红色的马。《大荒南经》说：“有南类之山，爰有遗玉、青马、三骓、视肉、甘华，百谷所在。”《大荒西经》中描述：“西有王母之山……爰有甘华、甘柤、白柳、视肉、三骓、璇瑰、瑶碧、白木、琅玕、白丹、青丹、多银铁。鸾凤自歌，凤鸟自舞，爰有百兽，相群是处，是谓沃之野。”“三骓”在有些文章中被形容为苍白或杂色的马，《尔雅·释畜》中曾说：“苍白杂毛骓。”

文中另一些地方提到“马”，是因所描述的物体能够对马产生功效，如石头、树木、草。如讲到一种可以使马不得病的石头，《西山经》言：“又西六十里，曰石脆之山……灌水出焉，而北流注于禺水。其中有流赭，以涂牛马无病。”意为石脆山上有灌水流出，向北流入禺水。禺河中有很多流赭石，这种石头具有特殊的功效，将它涂抹在牛和马的身上，可使牛和马不生病。

《东山经》中言有一种可以让马驯服的树木，“又南三百二十里，曰东始之山，上多苍玉。有木焉，其状如杨而赤理，其汁如血，不实，其名曰芑，可以服马”。东始山上有很多苍玉，有一种树，形状像杨树，有红色的纹理，汁液如同血液一样，不结果实，名字叫作芑，给马涂抹后，可使马驯服。

《山海经》中，具有特殊功效的植物会对驯服马产生很好的作用，或使马

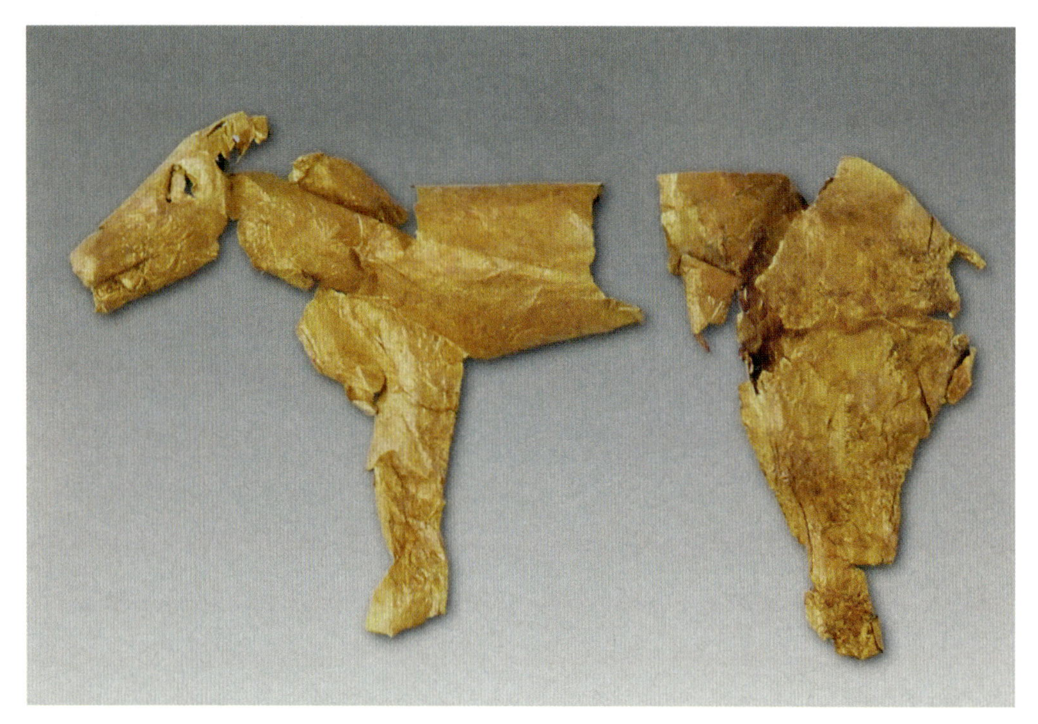

▲新疆阿勒泰地区出土的早期马形金箔饰件，表明欧亚黄金艺术曾随着草原大通道向四周传播

能够发挥更好的奔跑能力，其描述的物象哺育着各个民族，成为后期文学艺术创作的不朽源泉。

二、其状如马

《南山经》记载：“又东三百七十里，曰杻阳之山，其阳多赤金，其阴多白金。有兽焉，其状如马而白首，其文如虎而赤尾，其音如谣，其名曰鹿蜀，佩之宜子孙。”

遥远的杻阳山，南部多产赤金，北部多产白金。据晋代郭璞注，赤金为铜，白金为银。山里有神兽，其状如马，其纹似虎，白色的脑袋，红色的尾巴，叫声像是有人在唱歌。这种似马的神兽被人们称为“鹿蜀”，穿戴它的皮毛会多子多福。民间传言在明代崇祯年间，在南方有人见过这种动物。

明清两代在图绘《山海经》时，对“其状如马”的“鹿蜀”均取自于马的形象。明代胡文焕图本与清代毕沅图本的形象非常相似，连马后腿的姿势都一样。明代蒋应镐图本与清代成或因图本较为接近，均在描绘鹿蜀形态的同时，描绘了周围山石的环境，蒋应镐版甚至在山石周围描绘了水。到了清代汪绂图本将马蹄描绘成了虎爪，鹿蜀的身体形态也与马的样子不同，除了头部特征略有马的特征外，整体更加具有兽类特征。体态丰满，皮毛与鬃毛更为浓密，体型庞大，没有体现马矫健的神态，而是具有兽类形象威猛的感觉。

《山海经》中对物象的描述有一个最为突出的特点，即以“状如”为描述的开头，是对物象外在形态的比喻。大多体现在描述动物、兽类、神的时候，有些在植物的描述中也用到这种修辞方式。在描写类马形象时，“状如马”频繁出现。《西山经》说：“又西三百里，曰中曲之山，其阳多玉，其阴多雄黄、白玉及金。有兽焉，其状如马而白身黑尾，一角，虎牙爪，音如鼓音，其名曰駮，是食虎豹，可以御兵。”有一种神兽曰“駮”，形状如马，长有白色的身体与黑色的尾巴，有一只角，有老虎般的爪牙，叫声如鼓一样，以虎豹为食，可抵御兵灾。

《海外北经》也有一种怪兽也叫駮，原文描述“其名曰駮，状如白马，锯牙，食虎豹”。与《西山经》中的“駮”相比，此兽整体依旧以马形象为依托，同样是白色，有像马一样的身体，长有锯齿，同样以虎豹为食，但文中并没有描述它有角。

此外，“其状如马”的还有人面马状的神兽“孰湖”，生活在水中的“水马”，避火的“驩疏”，集合马、羊、牛三个动物特点的“𤟤𤟤”，一臂国人的坐骑“黄马”，北方善于行走的良马“駒駼”，野马“蛩蛩”，腿关节上有毛的“旄马”，鸡斯之乘的“吉量”，马身无首的“戎宣王尸”等。这些兽类的描述均以“其状如马”开始，以其异兽之名结束，形态方面结合了虎、鸟、蛇、牛、羊、人的特点，结合的部位包含牙齿、眼睛、角、头、身体、腿、尾巴、爪子、鬃毛、纹路等，颜色分别有赤、朱、白、黑、金、素色等，大部分为异兽，其中有两种异兽是作为人的坐骑出现。

《山海经》作为远古神话的碎片总集，以熟知的“其状如马”对鲜见的异兽做了通俗易懂的类比。那些远逝在几千年岁月里的神话传说，那些渐行渐远的异兽形象，因我们熟悉的“其状如马”，翻越时间的荒野，以最熟悉的面孔向我们走来。

三、神马之说

《西山经》记载："凡西次二经之首，自钤山至于莱山，凡十七山，四千一百四十里。其十神者，皆人面而马身。其七神皆人面而牛身，四足而一臂，操杖而行，是为飞兽之神。其祠之，毛用少牢，白菅为席。其十辈神者，其祠之毛一雄鸡，钤而不糈。毛采。"

从钤山到莱山，共 17 座山，4140 里。钤山即现在山西的稷山，莱山是今青海的托莱山。这些山中有十位神都是人的面孔马的身子，还有七位是人面牛身的神。人面马身神的祭祀需要用一只雄鸡，雄鸡的毛需是杂色的，祭祀只需要祈祷而不需要糈米。

在《山海经》中，神的形态大多是将动物的特点与人的特点相结合。比如，人的面孔和动物的身体相结合，或者是动物的面孔结合人的行为方式。

《西山经》言："又西三百二十里，曰槐江之山。丘时之水出焉，而北流注于泑水。其中多蠃母，其上多青雄黄，多藏琅玕、黄金、玉，其阳多丹粟，其阴多采黄金、银。实惟帝之平圃，神英招司之，其状马身而人面，虎文而鸟翼，徇于四海，其音如榴。"英招在"人面马身"的基础上还具备虎纹与鸟翼，巡游四海，声音像榴，更具神性。他所管辖的范围非常富饶，在今甘肃与新疆交接的地方，丘时水从槐江山发源，向北流注入泑水。水中有很多蠃母，即蜗牛。山上多青色的雄黄石，还有好的红宝石、黄金、玉，山的南面有很多丹粟砂，北面多产有纹理色彩的黄金和银子。文章所描绘内容与今天所处的地理环境有共同之

▼战国鹿形青铜车马饰件

处。新疆和甘肃也具有丰富的矿藏，储藏着玉、宝石等多种矿物。文中描绘这里是天帝的牧场，英招神掌管着这个充满了各种珍贵矿石的地方。

马身之神在形态方面都是将马与另一种物象的特征进行结合，主要是通过替换头部特征的方式进行变化。上古时期，我国西部地区曾经生活过擅长养马的民族，他们对马有着特殊的感情，并因此附会出许多神异马匹的传说。这些传说后来反映在《山海经》中并在向外传播过程中融入当地元素，形成新的传说形态。《山海经》中，取马身而结合的神灵很多。《西山经》钤山十神皆人面马身，而《西山经》崦嵫山神孰湖马身鸟翼、人面。《北山经》太行山系神皆马身人面。《海内经》钉灵民为马蹄之神。马改变了原始先民的空间观念，它使英招可以在四海上巡行，宣布天帝的旨令，使钉灵国人善于行走，这对先民来说意义重大。于是，他们认为马是神的化身，是能昭示人间吉祥的神化之物，以马为图腾，以马为自己部族的姓氏，把马当作自己的祖先。先民在马图腾崇拜的基础上，进而创造出生有马器官的神人形象，并对这些形象加以崇拜、祭祀。此即《山海经》中人马组合神人的生成并被祭拜的原因。

上古时代，世界各地的先民都有一个轰轰烈烈的造神运动。先人造神的目的是要处理好人与自然的关系。保存于世的希腊罗马神话、北欧神话、埃及印度神话、中国神话等各有其特点。中国神话长于神形描绘，诸如《山海经》的神怪世界中有许多半人、半兽、半神的动物形象，其中有许多都是中国先民的图腾崇拜物。除了马身人面，还有人面蛇身、人面牛身、彘身人面、彘身而八足蛇尾、鸟首龙身、龙首鸟身、人面龙身、羊身人面、豕身人面、鸟身而人面等。这些都是人们在神话想象中竭力崇拜的野蛮、原始、富有神奇力量的图腾形象，为后世的图腾面具提供了形象生动的素材。

乘骑骥以驰骋兮

——《离骚》

悔相道之不察兮，延伫乎吾将反。

回朕车以复路兮，及行迷之未远。

步余马于兰皋兮，驰椒丘且焉止息。

饮余马于咸池兮，总余辔乎扶桑。

▼明代刻本《楚辞·离骚》

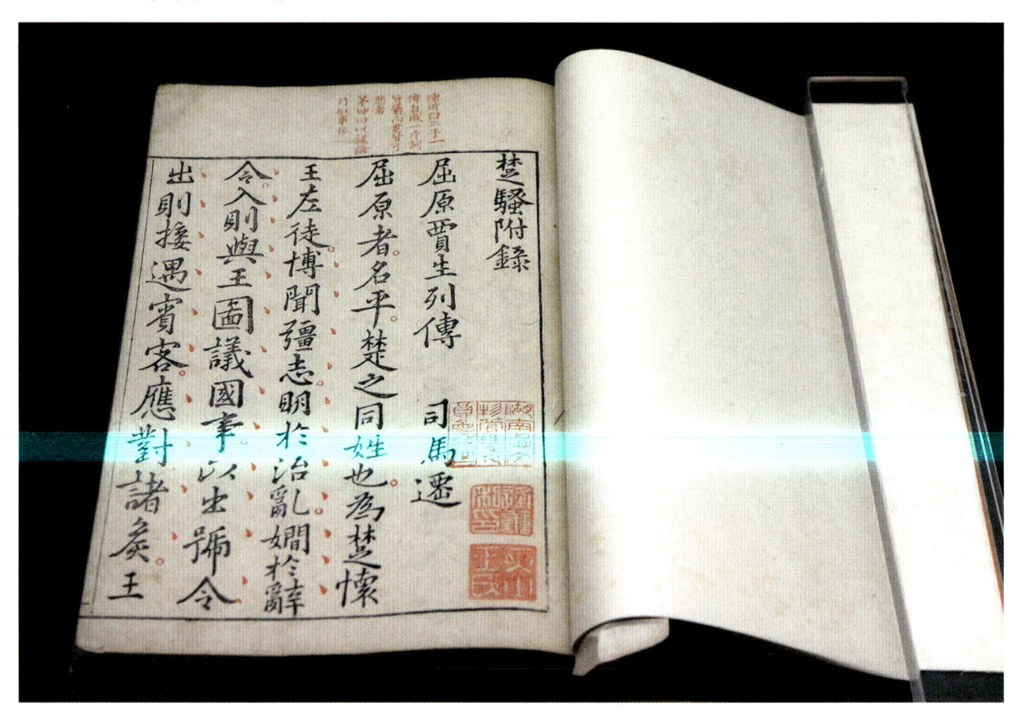

楚騷附錄

屈原賈生列傳

司馬遷

屈原者名平楚之同姓也為楚懷

王左徒博聞彊志明於治亂嫺於辭

令入則與王圖議國事以出號令

出則接遇賓客應對諸侯王

朝吾将济于白水兮，登阆风而绁马。

……

——《离骚》

▲铸客大鼎是战国晚期楚国的重器，安徽寿县李三孤堆出土

屈原的《离骚》共有四处写到马，马在全篇的构思中起到了关键的线索作用。上文首端所引马意象表达了诗人的双重心理。“步马”不仅表现出诗人后悔、犹豫、想“回车复路”的情绪，也承载着作者对理想世界的不懈追求。“兰皋”，长着兰草的纡曲水面。“椒丘”，长着椒木的小山。兰和椒都是美好生活的理想象征。《文选》五臣注曰：“行息依兰椒，不忘芳香以自洁也。”马“步兰皋、驰椒丘”暗示了诗人在痛苦抉择之后，决定依然坚持自己的理想追求。

较之知其不可为而不为的逃避态度，诗人经过激烈的思想斗争，回到了“亦余心之所善兮，虽九死其犹未悔”，“伏清白以死直兮，固前圣之所厚”的境界，而且感情更加深沉，意志更加坚定。“步兰皋、驰椒丘”这个动作，刻画了构成诗人内心悲剧性冲突的两个方面，即理想与现实的冲突、进取与退隐的对立，为下文深化矛盾、构架灵魂波澜做好了铺垫。

马作为诗人的骑乘工具和感情外化的展现载体贯穿于全诗的中间部分。“饮余马于咸池兮，总余辔乎扶桑”，“朝吾将济于白水兮，登阆风而绁马”，诗人往来天地之间“上下求索”，却求之不得。在向古帝重华娓娓陈述衷情之后，诗人乘龙驭凤借助大风之力飞腾驰骋，不管道路多么漫长遥远也要上天入地追求美好的理想。为了前往天国，诗人昼夜兼程匆匆赶路。途中让马在

▲图为屈原雕像

咸池饮水，在扶桑树边休息。虽然诗人没有正面描写自己旅途的艰辛，但是通过“饮马”“绁马”这一系列动作，却从侧面表现了路程的漫长和旅途的辛苦。前一天马儿一直跑到太阳落山才休息下来，喝口水。第二天早晨却已经渡过白水，登上阆风山而稍事休息了。前后时空的转换，揭示了马昼夜兼程地奔跑，更深层地展现了诗人矢志不渝、追求理想的悲壮经历。马在此处是诗人思想感情的外化对象，是文学表现的形象化道具。

至全诗结尾，马意象第四次出现：“仆夫悲余马怀兮，蜷局顾而不行。”全诗的悲剧意义升华到高潮，诗人忠君爱国的一腔赤诚在这里得到最浓烈的显现。接受了灵氛的劝告，诗人决定离开楚国。他暂时摆脱了内心的极度矛盾和痛苦之后，在超脱尘世的幻境中表现得非常洒脱和舒展。

一路上八龙蜿蜒，云旗委蛇沉浸在一派欢歌曼舞之中，一扫诗人长期郁积的愤懑，“聊假日以娱乐”，情绪是多么欢畅！然而，正当这支浩浩荡荡的车队扬着云旗，鸣着銮铃，载歌载舞地登上高空，即将要脱离苦海，展现一片光明的时候，诗人的眼前猛然间看见了他出生、长大的故乡。那种血肉相连、声息与共的炽热情感，刹那间粉碎了他去国远游的美好愿望，使他再也无法继续自己的行程。此情此景，甚至连他的仆人和他的马都难过得迈不开步了，感情上的剧烈转折将诗人内心世界的悲剧性冲突推向了顶点。

诗人上下求索，云游八方，但最终的归宿还是他念念不忘的祖国。《离骚》中马的行动完全体现着诗人的情感节奏：愁绪萦怀，犹豫无定，则缓辔按节，漫步兰皋；诗人义愤难平，情不能遏，则驰椒丘而不止；思念故国，难舍故土，则蜷局顾而不行。《离骚》中的马意象衬托和负载着屈原怨愤、悲愁和痛苦之意，诗人生命体验的“情”和“志”借助马意象而“意以象尽”。

“意象”为“意”与“象”之结合。主观的思想、情感、观念为“意”；客观的物象、形象为“象”。在诗歌中，诗人运用特定的形象代表特定的含义或寄托特定的情感，这些形象被称为意象。继《诗经》之后，马意象在屈原的《楚辞》中得到了延续。它不但综合了《诗经》时代马的功能形象，使马成为天国飞翔的工具，人马合一，而且承载了更加丰富的文学、文化内涵，形成了《楚辞》特有的文学特征。《楚辞》其他各篇中马意象的文学意义大多与《离骚》类似，通过马意象来表现诗人的情感体验。

《楚辞》中的马都是个体意象的诗语。屈原在《国殇》中描写了楚国将士拼死沙场的一场车战，“霾两轮兮絷四马，援玉枹兮击鸣鼓。天时怼兮威灵怒，严杀尽兮齐原野”。诗人用特写的手法描写了英勇无敌的战马，勾勒出了一幅极其悲壮的场景。阵地被侵犯，行列被践踏，左马已死，右马被砍伤，战车埋住了两轮，四马又被绊住，场面如此惨烈，突出了将士们为国牺牲的崇高精神。与诸神

▼战国金带钩，由北方游牧民族传入中原地区

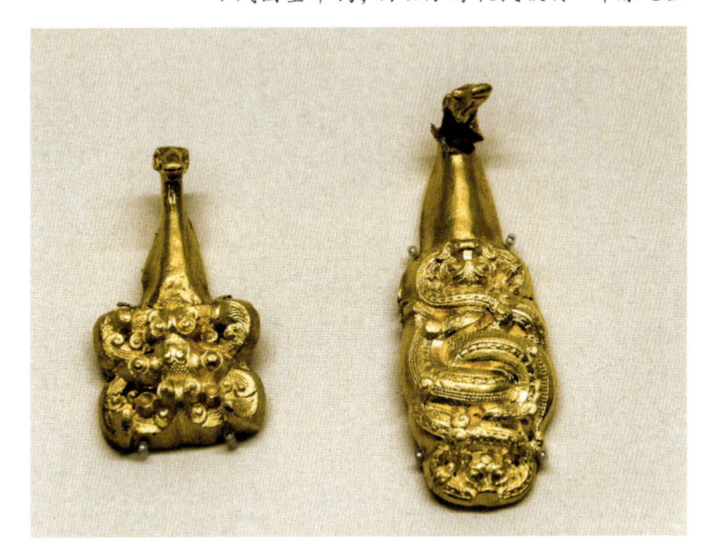

所骑乘的马匹相比，古代车战中的战马是诗人塑造的英雄形象。马在战争中起着至关紧要的作用，马匹的优劣、驭马术的高低，直接决定着战争的胜负、影响着国家的兴亡成败。楚怀王后期，与秦之战皆败，诗中马的命运与将士的命运紧紧相连，同生死、共存亡，成为生命共同体。马超越了它的役畜身份，被诗人赋予了和将士感情相连、思想相通的战斗者的身份。

由此可见，《楚辞》中的马成了一种精神寄托的意象，逐渐开始从现实走向想象中的神话世界，成为人格化的代表。由生活、阴阳而分出类型人格，拓展出无限的时空，成为具有系统性质的文化意象，体现了《楚辞》浪漫的特征。《楚辞》中人格化的马意象共出现了 24 次，有骐骥、驽马、惫马等，其个性特征突出，折射着人世间的忠良邪佞。对应良臣和庸才，骐骥与驽马成为《楚辞》审美意象群中一组矛盾对立的文学范畴。千里马不遇伯乐，引申为士不为所用，骐骥遂成为有志之士用以自喻的典型意象，屈原可谓是这类意象的创造者。驽马、劣马，比喻无能的庸才和当道的小人。究竟是与骏马一起驾辕并驾齐驱还是跟随劣马足迹安步徐行，是摆在屈原面前的两条道路。当时楚国“谗人高张，贤士无名”，无耻小人官运亨通趾高气扬，忠诚贤士备受摧残，无声无名，骐骥与驽马的对立象征屈原与奸臣的势不两立。诗人借骐骥、驽马的位置颠倒强烈地控诉了奸臣当道、黑白混淆、是非错位的社会现实。他宁死不肯与奸臣子兰、靳尚、郑袖之徒同流合污，借太卜郑詹尹之口表达了自己对黑暗现实的激愤和不妥协的态度。

“乘骐骥以驰骋兮，来吾道夫先路!”骑着千里马万里驰骋，为君王开出一条圣贤之路，也开辟了“意以象尽”的文学之路。

四夷交润尚白马

——《楚辞》

朝驰余马兮江皋，夕济兮西澨。——《湘夫人》

伯乐既没，骥焉程兮。——《怀沙》

宁与骐骥亢轭乎。——《卜居》

却骐骥而不乘兮。——《九辩·五》

▼湖北武汉楚国文化风情石雕，楚人有尊崇龙马的文化习俗

▲复原的楚国战车

除了《离骚》,《楚辞》其他篇章中也多有马（主要是骐骥）的意象。其中的《九辩》中不止一次出现良马“骐骥”,“却骐骥而不乘兮，策驽骀而取路”,“当世岂无骐骥兮，诚莫之能善御”,“骐骥伏匿而不见兮”,“乘骐骥之浏浏兮，驭安用夫强策?”均体现了一种“千里马常有，而伯乐不常有”的感叹，马的意象寄寓了诗人真切的情感。

我国是世界上最早发明和使用马车的文明古国之一。殷商时，马已是六畜之一。《周礼·夏官》卷三十三说:“辨六马之属，种马一物，戎马一物，齐马一物，道马一物，田马一物，驽马一物。”六种马按体型、役力、毛色又区分种马（繁殖用）、戎马（军事用）、齐马（祭祀用）、道马（驿传用）、田马（狩猎用）、驽马（杂役用）。由此可见，周代已经对马有了很细致的划分。《楚辞》延续了《诗经》时代马的功能形象，马在天国中飞翔，人马合一，形成了马的文化意象，形成了《楚辞》特有的文学特征。

在相关龙马的描写中，屈原对白龙，即白马的描写较之于其他颜色的龙马着笔更多，如《离骚》“驷玉虬以乘鹥兮”之玉虬,《涉江》“驾青虬兮骖白螭”之白螭等皆指白马。而《河伯》“驾两龙兮骖螭”，洪兴祖《考异》中说：“一本‘螭’上有‘白’字。”参之《涉江》“驾青虬兮骖白螭”句，洪兴祖所说为其所乘白马。此外，《天问》“白蜺婴茀，胡为此堂”，王逸注：“蜺，云之有色似龙者也。”，白蜺即白龙也，即白马之神化者。王逸注《天问》“胡射夫河伯，而妻彼雒嫔”句云：“传曰：河伯化为白龙，游于水旁，羿见射之，眇其左目。河伯上诉天帝，曰：为我杀羿。天帝曰：尔何故得见射？河伯曰：我时化为白龙出游。”可见《九歌》中所说的河伯在传闻中即白龙（马）。

▼屈原对龙马之关注及《楚辞》多马且尤重白马这一文化现象，探本溯源，是受到了殷商文化之影响

屈原爱马、《楚辞》多马，这一文化现象与楚人尊崇龙马的文化意识密切相关。杨宽在《中国上古史导论》中说：“中国上古民族文化不外东西二系。在史前期，彩陶文化由西来，黑陶文化由东往，以两文化之交流融合，乃生殷虚之高度文化……”张君在《春秋时期楚国上层文化面貌初探》中也说：“鲜明成熟又富于个性的楚文化，只是随着青铜文化的衰竭，楚本身宗法制的解体，中下层文化的上升和原始文化的

复苏，与四夷交润互浸日繁，物勒工名时代的到来，及楚各阶层人们的创造性获得较为自由的发挥的时候，才酣畅淋漓地表现出来。”

楚人于马尤其白马极为重视，这种文化习尚非楚人原创，而是继承了殷人的文化。郭沫若在《屈原研究》中说：“殷人的超现实性被北方的周人所遏抑了的，在南方丰饶的自然环境中，却得着了它沃腴的园地。《楚辞》富于超现实性，乃至南方思想家之富于超现实性，我看都是殷人的宗教性质的嫡传，是从那儿发展了出来，或则起了蜕变的。屈原作品中常有灵巫在演着重要的节目，那便是绝好的证明；而屈原始终崇拜着殷代的贤者彭贤，也正明白地表示着他的超现实的思想的来历。”“南方的开化既较迟，而又是殷人的直系的文化传统，故尔南方的生活习惯较为原始，然亦较富于艺术味。”可见，楚人与殷商文化多有相承关系。

《楚辞》以外，一些历史传说也可佐证楚人对龙马以及白马之重视。《史记·伍子胥传》：“吴人怜之，为立祠于江上。”张守节《正义》引《吴地记》曰：“越军于苏州东南三十里三江口，又向下三里，临江北岸立坛，杀白马祭子胥，杯动酒尽，后因立庙于此江上。”伍子胥为楚人，越人当是以楚人之风俗来祭祀子胥。以白马祭祀也见于其他楚人所祭，如《七国考》引陆机《要览》说：“楚怀王于国东偏，起沉马祠，岁沉白马，名飨楚邦河神，欲崇祭祀，拒秦师。”《异苑》卷一“汨潭马迹”也说：“相传云：‘原投川之日，乘白骥而来。’”《异苑》虽谓传言，但也从另一方面指出屈原与白马的关系。

▼“九龙之钟”。战国时期，以楚国编钟乐舞最具特色

此外，殷人多崇尚白色。《史记·殷本纪》：“汤乃改正朔，易服色，上白，朝会以

昼。”《礼记·檀弓上》：“殷人尚白，大事敛用日中。”《礼记·明堂位》：“殷之大白。”诸史对此多有记载。刘青先生介绍说：“甲骨卜辞中所记录的献给祖先神灵的牺牲中，凡是标明颜色的，多半都是白色。”在甲骨卜辞中也有殷人崇尚白色的记载。

殷人不仅重视且更崇尚白马，如《礼记·檀弓上》所载殷人“戎事乘翰，牲用白”，《礼记·明堂位》“殷人白马黑首”，《尸子》“汤之救旱也，乘素车白马”等文献所记皆证实这一点。甲骨卜辞中，也可得到佐证，据孟世凯先生《甲骨学辞典》，武丁及后期卜辞载：“贞……呼取白马致。”“古来马。不其来马。”“己巳卜，雀取致马。”“宁延马二丙。”“奚来白马（五），王占日，吉，其来。……奚不其来白马五”等皆是殷人对马及白马重视之证。裘锡圭先生指出“殷人在占卜‘取马’‘以马’‘来马’等事时，一般不指明马的毛色”，“唯有‘白马’却在这类卜辞里屡次出现”；“在为马的‘灾祸’、死亡等事占卜时，一般也不指明马的毛色”；“这类卜辞里出现的指明毛色的马名，确凿无疑地也只有白马”。由此“可以清楚地看出，殷人对白马的确特别重视。更有意思的是，殷人还屡次为将要出生的马崽是不是白色的而占卜”。裘先生所论甚为精辟，可确凿无疑地证明殷人对白马之重视。

四夷交润尚白马，屈原对龙马之关注及《楚辞》多马且尤重白马这一文化现象，探本溯源，是受到了殷商文化之影响。诚如郭沫若所言：“徐、楚人和殷人的直系宋人，是把殷代的文化传播到中国南部，而加以发展的。”文学作品中的意象描绘，往往是其深邃文化底蕴的体现，殷商神性借助马之灵巫，浪漫色彩弥散千年。

伯乐识马举贤才

——《战国策》

苏代为燕说齐，未见齐王，先说淳于髡曰：“人有卖骏马者，比三旦立市，人莫之知。往见伯乐，曰：‘臣有骏马，欲卖之，比三旦立于市，人莫与言。愿子还而视之，去而顾之，臣请献一朝之贾。’伯乐乃还而视之，去而顾之，一旦而马价十倍。今臣欲以骏马见于王，莫为臣先后者。足下有意为臣伯乐乎？臣请献白璧一双，黄金千镒，以为马食”。淳于髡曰：“谨闻命矣。”入言之王而见之，齐王大说苏子。

——《燕策二·苏代为燕说齐》

▼《战国策》，元刻本

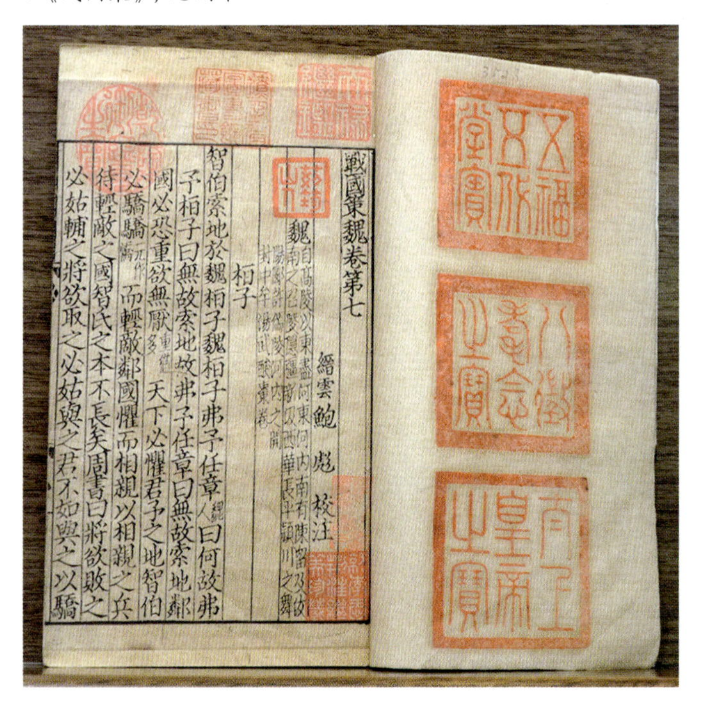
戰國策魏卷第七

縉雲 鮑 彪 校注

魏

桓子

智伯索地於魏桓子魏桓子弗予任章曰何故弗予桓子曰無故索地故弗予任章曰無故索地鄰國必恐重欲無厭天下必懼君予之地智伯必驕驕而輕敵鄰國懼而相親以相親之兵待輕敵之國智氏之本不長矣周書曰將欲敗之必姑輔之將欲取之必姑與之君不如與之以驕

卖骏马者希望借助伯乐来抬高马的身价，苏代希望淳于髡如伯乐般把自己引荐给齐王。用“卖骏马者”的故事来表达内心的愿望，可以看出人们对举贤者的重视。

《战国策》中多有关于伯乐与千里马的

佳话，这与当时的时代背景密不可分。作为汇编而成的历史著作，《战国策》以策士的游说活动为中心，反映了春秋至秦统一时期的各国政治、外交等情况。刘向序言：“战国之时，君德浅薄，为之谋策者，不得不因势而为资，据时而为画。故其谋扶急持倾，为一切之权；虽不可以临教化，兵革救急之势也。”这一时期，国与国之间，以势相争，以智谋相夺。长期征战，周室衰微，权力下移，由周王室分封的十余小国发展成为秦、楚、齐、燕、韩、赵、魏七国。各国势力此消彼长，变幻莫测，倏忽之间，局势两异。顾炎武在《日知录》卷十三《周末风俗》中指出：“春秋时犹尊礼重信，而七国则绝不言礼与信矣；春秋时犹宗周王，而七国则绝不言王矣；春秋时犹严祭祀，重聘享，而七国则无其事矣；春秋时犹论宗姓氏族，而七国则无一言及之矣；春秋时犹宴会赋诗，而七国则不闻矣；春秋时犹有赴告策书，而七国则无有矣。邦无定交，士无定主，此皆变于一百三十三年之间。”

▲战国错金银铜衡轫，河北中山王墓出土

这段精辟的论述概括出了春秋至战国形势的变化。可以说，诸侯间的胜负虽然在很大程度上取决于武力，但政治的巧妙运用也很重要。如何在诸强的裹挟中求得一席之地并自强以成王霸之业，是各诸侯最为关心的问题。

随着奴隶主贵族等级制度的崩坏，社会的激荡变革，士阶层成为没有固定生活与固定工作的知识分子，在各地游来游去，因此得到“游士”的称号。他们以自己的才智向合适的买主换取功名利禄，寄希望于投靠统治者，获得政治上的话语权，以此改变阶级地位。权谋、雄辩是这一时代政治斗争的反映，士人希望得到统治者的任用，诸侯也求贤若渴，礼贤下士成为普遍的风气。

而此时期，各国战争以骑兵为主，易车为骑，在战术上发生了重大转变。赵武灵王奖励胡服骑射，第一次用战争的实践证明了马在中国古代战争中所具有的重要作用。发生在战国时齐国的著名的“田忌赛马”的故事，说明整个上层社会极盛爱马之风，相马便应运而生。千里马成了人才的代称，伯乐被比喻成善于发现和使用人才的人。君王寻找千里马，士人呼唤伯乐，成为时代的潮流。

《燕策一·燕昭王收破燕后即位》中郭隗向燕昭王讲到“五百金买马首”的故事，以此隐射招纳贤士。他劝诫燕昭王，要想招纳到真正的人才，君王必须诚恳地对待人才，“重金购骏骨”。此典故后演变为黄金台及相关现象，出现在后世文人的作品中。例如，唐代李贺的：“堆金买骏骨，将送楚襄王。”李白：“燕昭延郭隗，遂筑黄金台。”罗隐：“思量郭隗平生事，不殉昭王是负心。”《赵策四·客见赵王》中，说客以买马善待相马者，说明国君治天下也应该远佞臣重贤人的道理。说客先由买马谈起，选马要等相马之人，隐射治理国家更需要物色好贤明的臣子。

▼先秦马车雕像

《楚策四·汗明见春申君》中，有伯乐怜马的故事。千里马拉着盐车上太行，筋疲力尽，直流汗水，到了半山坡难以前行。伯乐遭之，下车攀而哭之，脱下自己的衣服给马披盖。“骥于是俯而喷，仰而鸣，声达于天，若出金石声者”，马之所以这样，是因为“彼见伯乐之知己也”，马被赋予了人的情感。文中，汗明引此典故，期望春申君发现人才，重用人才，让人才得其所哉。“骥服盐车”说明了求知遇之难。骐骥可以负重致远，又能驰骋沙场，帮助英雄建功立业。

以马喻人，是《战国策》时期社会背景的折射，士关注于马，实则是关注自己的前途与命运。喻马之贡献，是期望获得重用，哀叹骐骥的埋没与压抑，则是感慨自身的怀才不遇。公木先生言：“寓言必有所讽喻，或寄托一个教训，或阐发一个理念，在这个意义上说，它类似哲理诗，是抒情；寓言是一种比喻，必须具有一定的故事情节和性格形象，在这意义上说，它类似故事诗，是叙事。”为此，《战国策》中关于马的叙事，具有强烈的政治化、观念化。在马形象与马故事的表层现象下，深层地隐喻着关于人才及运用人才治国的寓意，这是马寓言的讲述者们描述故事的动机和目的。在此意义上，架构了先秦马文化的最高观念形态，也为后世有关马的叙事的人文精神和政治寓意，定下了一个内蕴稳定的模式。

《战国策》一书为游说词总集，记录了当时纵横家的言论和事迹，反映了战国时代的社会风貌及士人阶层的精神风采，体现了进步的政治观与重视人才的文化思想。智者善喻，策士们对马的想象、描述的文学形象及渴望伯乐识马的隐喻，是先秦马文化的观念形态与核心精神，为马文化的观念形态奠定了基石，使马的文学形象具有象征性。

战国时代的幕布已经落下，那萧萧马鸣和滚滚风尘都已经离我们远去，但马文化在历史中犹存遗响。战国策士像千里马般精神昂扬，驰骋才干、精于辩说，使得“伯乐与千里马”之喻成为寓言文化中最为耀眼的明珠。

野马嘶鸣未有缰

——《庄子》

马，蹄可以践霜雪，毛可以御风寒，龁草饮水，翘足而陆。此马之真性也。虽有义台、路寝，无所用之。及至伯乐，曰："我善治马。"烧之剔之，刻之雒之，连之以羁馽，编之以皂栈，马之死者十二三矣；饥之渴之、驰之骤之、整之齐之，前有橛饰之患，而后有鞭策之威，而马之死者已过半矣。"

——《庄子•马蹄》

▼庄子雕塑

马，蹄可以用来践踏霜雪，毛可以用来抵御风寒，饿了吃草，渴了喝水，性起时扬起蹄脚奋力跳跃，是为马之天性。庄子以马为喻，论述了素朴、无为的思想，提出重视人的自然之性，强调精神自由，反对压迫，以此反对儒家的仁义礼乐，批评追功逐利。

▲车马部件铜辖軎，甘肃礼县大堡子山秦墓出土

道家哲学崇尚自然，通过对宇宙万象的深刻观察来阐述其思想。庄子是一位哲学家，他崇尚自然，追求自由，力求追寻人类精神的家园。他深奥的哲理不是通过逻辑推理来直接阐明的，而多是通过比喻、故事来间接暗示的。在《庄子》一书中，关于“马”的描写有多处，以马为例来表达自己的观点，承载着庄子的哲学精神。《马蹄》中的“马之真性”，《逍遥游》中的“野马”，《齐物论》中的“万物一马也”，《至乐》中的“马生人”之说等都为具体言喻。

《庄子》曰：

“夫马，陆居则食草饮水，喜则交颈相靡，怒则分背相踶。马知已此矣。夫加之以衡扼，齐之以月题，而马知介倪闉扼、鸷曼、诡衔、窃辔。故马之知而态至盗者，伯乐之罪也……及至圣人，屈折礼乐以匡天下之形，县企仁义以慰天下之心，而民乃始踶跂好知，争归于利，不可止也。此亦圣人之过也。”

生活在草原上的马平常吃草饮水，高兴的时候交颈相摩，发怒的时候互相乱踢一顿，马的智慧不过如此。现在用横木把马限定在车前，在马的额上安上月形装饰物。马知道自己困在两輗之间，不服驾驶，曲着脖子，企图摆脱车轭，顶坏车幔，吐掉嚼子，咬坏缰绳。马不听使唤，诡计多端地进行反抗，心智与神态变得像盗贼一样。庄子反对儒家的礼乐仁义，他认为马这样不听使唤，诡

▲图为赵国代郡开阳堡城的条石

计多端，完全是伯乐的罪过。圣人把天下人的行动纳入礼乐的轨道，提倡仁义以慰藉天下之心。民众开始推崇才智，把利益作为争夺目标，愈演愈烈，没完没了。仁义礼乐是对人性的破坏，是圣人的罪过。

庄子悠然自得，逍遥在青山绿水之间。他崇尚自然，崇尚“真”，认为最完美的状态，就是自然的状态，而对事物进行加工改造就意味着对事物完美状态的破坏，因而应当受到谴责。野性是马之真性的体现，而世间却出现了伯乐，言之“我善治马”，导致“马之真性”损丧殆尽。实则是借此说明现实社会中“人”与“自然”的尖锐对立，以及人的自由本性遭到摧残破坏的社会文明之现状。庄子哲学中，“伯乐”被象征着虚伪的仁义、法制，而“马之真性”则比喻为素朴之常性及人类社会之理想状态。“以伯乐治马，引出圣人之治天下……说明仁义礼乐是人性的破坏，圣人是社会的罪人。带有尚古的倾向，具有反社会的思想。”借伯乐治马的故事，庄子表达了他的社会批判思想。

在《秋水》中，庄子同样通过马表达了他崇尚“真”的思想：“牛马四足，是谓天；落马首，穿牛鼻，是谓人。故曰：无以人灭天，无以故灭命，无以得殉名……谨守而勿失，是谓反其真。”就好像牛马都有四条腿，“真”就是本来天然的样子。为了达到某种目的，人们却要给马加上羁绊，给牛鼻穿上孔，拘束它们的行动。这就是人为伤害了牛、马的本性，也就是破坏了“真”，破坏了天然。庄子呼吁“无以人灭天”，就是强调人们应该放任自然，不要人为地破坏自己生命的自然旅程，不要牺牲率性自得而背上精神枷锁。即所谓“返璞归真”，“法天贵真”。“真”在庄子这里也就是素朴，是天然本色，是未经过人为伤害的“天”。真就是个体自由的状态，真就是美。《秋水》中所说的“无以人灭天”，就是对“贵真”的最好说明。

庄子鼓励人们要做到清静无为、顺乎天然，曰：“吾相马，直者中绳，曲者中钩，方者中矩，圆者中规，是国马也，而未若天下马也。天下马有成材，若恤若失，若丧若一，若是者，超轶绝尘，不知其所。”（《庄子·徐无鬼》）马跑起来能直、能曲、能方、能圆，听从驾驭，但是国中好马，未若天下的好马。天下马有一种无须训练的天然性能，性情静寂专一，跑得飞快，自由奔放。他在同一篇中也表达了这种意愿“黄帝曰：‘夫为天下者，则诚非吾子之事。虽然，请问为下？’小童辞。黄帝又问，小童曰：‘夫为天下者，亦奚以异乎牧马者哉！亦去其害马者而已矣。’”

文中的小童是体悟道性者的化身，他以牧马为喻说明治理天下的道理。牧马要“去其害马者”，就是要去掉对马造成伤害的事物，而使马保持自然状态，保全本能和天性。去掉害马者并不是去掉害群之马，而是马群之外的因素。后代则由这个故事引申出“害群之马”的成语，比喻危害集体的人。

▼战国云形马镳

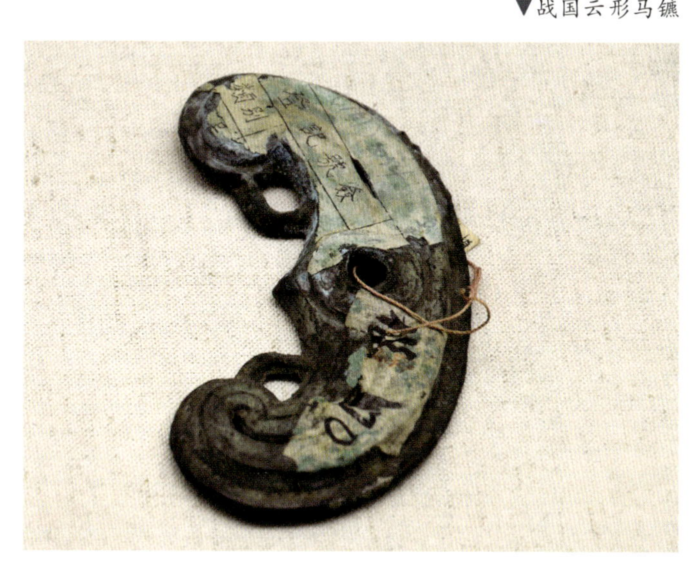

庄子通过写马来

讴歌和礼赞天然之美，以马为载体，表达了对戕害天性的、人为造作的反感和否定，蕴含着庄子的人格理想和社会理想。这种以真为美的追求，让人感受到一股清新的气息。后来的许多书画家，从《庄子》中吸收美的灵感，悟出道法自然、返璞归真的美学精神。

庄子善以马喻，离不开其所处的时代。战国时期，马被广泛用于战争、耕作及交通运输，因而在人们日常社会生活中的作用和地位日益重要。但同时，伴随着社会文明的演进，“自然”被“人为”破坏，而作为马之真性之体现的“野马”却日渐减少、弥足珍贵，这是马之野性被驯服之后的结果。在老庄道家看来，野马被人类驯服却是自然被破坏的突出体现，“野马”之珍贵和世人对伯乐之推崇，是大道沦丧、社会堕落之标志。

于是，真性之马显得弥足珍贵。庄子小天地、大宇宙的思想通过“野马”展现出来。于此，诗意的“野马”完成了庄子在现实中的“栖居”，解决了生命的终极矛盾，从此“以梦为马”。

借马言德话儒家

——《论语》

厩焚。子退朝，曰：“伤人乎？”不问马。——《论语·乡党》

今之孝者，是谓能养。至于犬马，皆能有养。不敬，何以别乎？

——《论语·为政》

骥不称其力，称其德也。——《论语·宪问》

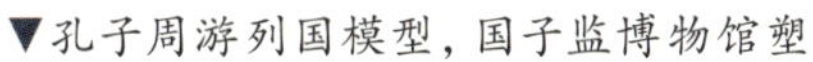

▼孔子周游列国模型，国子监博物馆塑

▲战国晚期，青铜错金兽首形马车辕头饰件

春秋时期是马车的辉煌时代。《论语》中除了用“千乘之国”形容诸侯国之富强，亦用“马”喻政治主张、伦理思想、道德观念及教育原则。除却“乘”“大车”“小车”“兵车”“御”车，以及“司马牛”“巫马期”等人名，《论语》中直接提及“马”的有八处：

其一，“今之孝者，是谓能养。至于犬马，皆能有养。不敬，何以别乎？”该处仅将马作牲畜，与犬相对。

其二，“陈文子有马十乘，弃而违之。”是作为家产的马车。

其三，“愿车马衣轻裘与朋友共敝之而无憾。”将马匹作为生活用品。

其四，“乘肥马，衣轻裘。”同其三。

其五，“孟之反不伐。奔而殿。将入门，策其马曰：非敢后也，马不进也。”打败了往回跑，因“断后”挡住了追军而立功。这位孟之反说，不是自己立功，是马跑不快，将功德归于马。孔子称赞败将有德，“不伐”，不夸耀自己，不吹牛。这里驾战车的马是作战工具。

其六，“厩焚。子退朝，曰：‘伤人乎？’不问马。”马棚起火烧了，孔子上朝回来，问是否伤人，而不问马。孔子并非不爱马，只是更看重人，“贵人贱畜，理当如此”。这里是将马当作家畜、家产看待。此处“问人不问马”，显出了其宽仁之性。《尚书·仲虺之诰》：“克宽克仁，彰信兆民。”孔子赶到厩场，首先关切人的生命安全，竭尽慰问之意，此时若急于关切损失，势必增添厩场之人的烦恼。孔子的慰问是真诚的，故此时不宜“问马”。圣人仁心，体贴入微。

在孔子的思想中，道德感化的力量比刑罚的震慑力量更大，体现了孔子“道之以德”而非“道之以政”的治民之道。

在孔子的儒家思想体系中，礼与仁互为表里，礼是建立和谐社会秩序的制度保证。《礼记·哀公问》中有孔子关于礼治的论述。如“古之为政，爱人为大。所以治爱人，礼为大。所以治礼，敬为大。敬之至矣”。又如“为政先礼，礼其政之本与”。《论语·宪问》引孔子语云：“上好礼，则民易使也。”《论语·子路》云：“上好礼，则民莫敢不敬；上好义，则民莫敢不服；上好信，则民莫敢不用情。”孔子处理“厩焚”事件时认为“乡人为火来”是“相吊之道”，故行拜礼表示感谢。这是孔子对自己政治思想的躬行实践。“不问马”生动地体现了孔子“为政以德”的政治思想和行政风格。

其七，“有马者借人乘之。”此处以马为家产、工具。“借人”是借给别人。

其八，“齐景公有马千驷，死之日，民无德而称焉。”此处马仍为家产。就字面而言，“千驷”应是四千匹马，就算是夸大，实际上也不会少。其行无德，所以无名可称。大批量的马被殉葬，战车谁拉？齐景公去世，继承人绝

▼《论语·问政》石刻。“不问马”生动地体现了孔子“为政以德” 的政治思想和行政风格

▲图为古代集市交易场景

不可能做这种伤损国力之事。孔子在该处讲"驷"而非"乘"，可见这些马不是战马，大概是宠物。所以，齐景公一死，后人就不肯花费草料养只供观赏的废物了。

最初，被人驯服了的野马大显威力，以类似飞鸟的速度和超过飞鸟的力度四处奔驰，"所向无空阔，真堪托死生"。在充分认识马的力度、速度以及效率的意义后加以推广，是文化思想的发展。马非文化，而用马与识马却是文化，认识马的意义即文化思想。在《论语》中孔子言马，均非言及马本身，而是将其作为物品而言，以此借喻言它。子贡言："驷不及舌。"讲马的速度快也比不上舌头的速度快，就是说话比马快。话讲出去收不回来，不比马还可以停下回来，便是借喻之举。《论语·宪问》子曰："骥不称其力，称其德也。"孔子说，称千里马叫作骥，并不是称赞它的气力，而是称赞它的品质。这说明，马的内在精神已得到人们的认同。人们以马代贤者，正是因为马的内在品质和贤者存在共通之处。

《论语·为政》引孔子语曰："至于犬马，皆能有养。不敬，何以别乎？"这是用马来打比方，来说明孝敬父母不能只满足于使父母免于冻饿之患，孝道之要在于敬。孝如果仅仅是在形式上做到了侍奉供养父母，就和饲养犬马没有区别了。《礼记·祭义》引曾子语云"孝有三，大孝尊亲，其次弗辱，其下能养"，强调行孝当以尊敬父母为重。能行大孝者，一定能行中孝、下孝。行中孝、下孝者，则未必能行大孝。孔子的孝悌观念是当时宗法等级制度的现实需要，构建了影响中国古代文化数千年的宗法制度。西周分封制，天子为全国之主，按血缘宗法关系分封。整个社会的政治结构便建立在宗法制度的基础上，人人在家族内养成恭顺父兄的性格，扩而大之，即事君如父，事长如兄，以此维护社会和谐稳定。

从远古的沙场尘烟中驰骋而来，马用自己的力量和赤诚经历了血与火的洗礼，随人类的发展流动为一种精神，成就了源远流长的神韵。在与人类同生死、共荣辱的历史中，马表现出一种奉献美的史诗，产生了一系列的象征和寓意，代表了华夏民族的主体精神和最高道德，借马言德成为千百年来文学作品的书写主题，经久不衰。

静马惠民倡仁政

——战国《荀子·王制篇》

马骇舆则君子不安舆，庶人骇政则君子不安位。马骇舆则莫若静之，庶人骇政则莫若惠之。

——《荀子·王制篇》

昔舜巧于使民而造父巧于使马。舜不穷其民，造父不穷其马，是舜无失民，造父无失马也……历险致远，马力尽矣。然犹求马不已，是以知之也。

——《荀子·哀公篇》

《荀子》是战国后期儒家学派最重要的著作，全书共32篇，除少数篇章外，大部分是荀况所言。文章擅长说理，组织严密，分析透辟，善于取譬，常用排比句增强议论的气势，语言富赡警炼，有很强的说服力和感染力。荀子在吸收法家学说的同时发展了儒家思想，体现了自己的政治主张。他尊王道，也称霸力；崇礼义，又讲法治；在“法先王”的同时，又主张“法后王”。孟子创“性善”

▼战国时期，群雄并起，战乱不断

论，强调养性；荀子主“性恶”论，强调后天的学习。他反对宿命论，坚持万物都循着自然规律运行变化的观点。

▲内蒙古鄂尔多斯市出土的鹦鹉头青铜马车的车饰

孟、荀同出孔门，孔子理论的核心便是“仁”，为了实现“仁”，孔子重“礼”，孟子重“义”，荀子则是“礼法并重”。在推广实践方式上，孟子把希望寄托到人通过自我修养而达到的“内圣”，走的是一条反身求己、推己及人之路；荀子恰好相反，他主张走一条外开的、以现实世界为基础的经验论之路。荀子提倡性恶论，常被与孟子的性善论比较。孔子、孟子在修身与治国方面提出的实践规范和原则，虽然都是很具体的，但同时又带有浓厚的理想主义成分。荀子认为人与生俱来就想满足欲望，若欲望得不到满足便会发生争执。因此，他主张人性有恶，须要由圣王及礼法的教化，来“化性起伪”使人格提高，在重视礼义道德教育的同时，也强调了政法制度的惩罚作用。荀子提出“天人相分”，由天命观下贯而来是他的人性论。他肯定人性本朴，而“情”却是恶的。为了维护社会秩序，荀子提出了“明分使群”，而“分”需要用物质财用来彰显。荀子认为，“利”是目的，“义”是规则，而“礼”则是实现“利”的方法，是“利”得以实现的途径，即所谓礼以养欲、义以成利，最终实现的是义利两成，从而成就儒家的“仁者爱人”。

荀子常借马之譬喻表达治国主张。《荀子·王制篇》中讲，马在拉车时如受到惊吓就会狂奔，君子则不能安稳坐在车内；百姓在政治上受到不公平待遇则会引发暴乱，君子便不能稳坐江山。马拉车时受到惊吓就要安抚它，使其平静下来；百姓在政治上受到不公平待遇，就要施以恩惠。选用有德才之

人，提拔忠厚恭谨之人，提倡孝敬父母，敬爱兄长，资助贫困之人，百姓安居乐业，君子才能拥有稳固的政权。荀子认为，王者之政是应用贤罢废、诛恶化民的政治，赏罚分明，可以使人人归于礼义。处理政事要用礼和法两手。安舆在静马，安政在惠民。从古至今，少有民乱而政安，民穷而国富的现象。荀子从"马骇舆"这个普通的生活现象中引申出治国与惠民的深刻道理，这也正是他以马为喻的深意所在。

荀子借马表现了儒家仁政爱民的思想。《荀子·哀公篇》讲，舜善于役使百姓，造父善于驱使马。舜不使民众走投无路，造父不使马走投无路，故而舜没有逃跑的民众，造父没有逃跑的马。定公（鲁哀公的父亲）问颜渊曰："东野毕之善驭乎？"颜渊回答，善于驾车倒是善于驾车，可他的马快要跑了。果然三天后，马跑了。定公问他为什么？颜渊答曰：马的力气耗费殆尽，然而他还要求马不停蹄，这样的话，马一定会逃跑。鸟儿走投无路会乱啄，兽走投无路会乱抓，人走投无路会欺诈。从古至今，使臣民走投无路的都不是贤良的君主，勤政爱民、隆礼敬士、尚贤使能才是统治者必须具备的品格。

此外，荀子提倡"能群"。他认为，论力量，人没有牛的力气大，论速度，人没有马跑得快，然而人却可以驾驭牛马，原因就在于人能形成社会组织。"能群"是人类所以能克服自然界而维持其生存的主要原因，但也因为"能群"，所以必得有"分"，即等级名分。人有了礼义才能够区分出等级名分，才能够按照等级名分的关系组织成有序的群体。"故义以分则和，和则一，一则多力，多力则强"，即"和则多力"，对我们民族的群体精神或集体主义观念的形成也有很

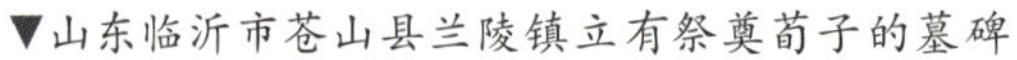
▼山东临沂市苍山县兰陵镇立有祭奠荀子的墓碑

大影响。“六马不和，则造父不能以致远；士民不亲附，则汤武不能以必胜也。”（《荀子·议兵篇》）同样说明了团结的重要性。从另一个角度思考，“和”体现了儒家的和谐精神，只有社会和谐，国家才会成为一个发挥强大功能的整体，才会进步。

荀子用千里马与驽马来说明成功的原因在于持之以恒，锲而不舍。“骐骥一跃，不能十步。驽马十驾，功在不舍。”“夫骥一日而千里，驽马十驾则亦及之矣。将以穷无穷，逐无极与？其折骨绝筋，终身不可以相及也……一进一退，一左一右，六骥不致。”（《荀子·修身篇》）如果不专一、不坚持到底，将不会成功。《荀子·解蔽篇》亦载：“奚仲作车，乘杜（或称相土）作乘马，而造父精于御。自古及今，未尝有两而能精者也。”都是强调专一的重要性。

荀子的性恶论以驯化马来喻礼义对贤士良友的熏陶，告诉我们要寻求贤良老师跟他学习，选择好友而交往相处：“骅骝、騹、骥、纤离、绿耳，此皆古之良马也，然而必前有衔辔之制，后有鞭策之威，加之以造父之驭，然后一日而致千里也。夫人虽有性质美而心辩知，必将求贤师而事之，择良友而友之。得贤师而事之，则所闻者尧、舜、禹、汤之道也；得良友而友之，则所见者忠信敬让之行也。”（《荀子·性恶篇》）皆是通过马本身所具有的涵义及其和马有关的历史传说等，来阐述自己的思想精神。

荀子一生，讲学于齐、仕宦于楚、议兵于赵、议政于燕、论风俗于秦，社会影响不在孔孟之下。其文章论题鲜明，结构严谨，说理透彻，有很强的逻辑性；其语言丰富多彩，善于比喻，排比偶句很多，素有“诸子大成”的美称。平常之马，被其喻出千般理论来，丰富了百家争鸣的文化格局，拓展了儒家文化的政治空间，架构起千百年来中国仁政的精髓，令马之精神与神韵流传在千年的历史长河中。

马大蕃息强秦域

——云梦秦简《日书·马》

《马》篇文曰："禖祝曰："先牧日丙，马禖合神。东乡、南乡各一马，□□□□中土，以为马禖。穿壁直中，中三腏，四厩行。大夫先敚兕席。今日良。白肥豚，清酒美白粱。到主君所，主君笱屏，诇马，驱其央(殃)。去其不羊(祥)。令其口耆(嗜)□□耆(嗜)饮律律，弗□自行。弗驱自出。令其鼻能糗乡(鄉)，令聴(聪)目明。令头为身衡，勶(脊)为身刚，脚为身□，尾善驱□，腹为百草囊。四足善行，主君勉饮勉食，吾岁不敢忘"(简740反面至736反面)

▼秦兴起得益于马，立国依靠于马。图为湖北云梦睡虎地11号秦墓出土的战国晚期记载为吏之道的秦简

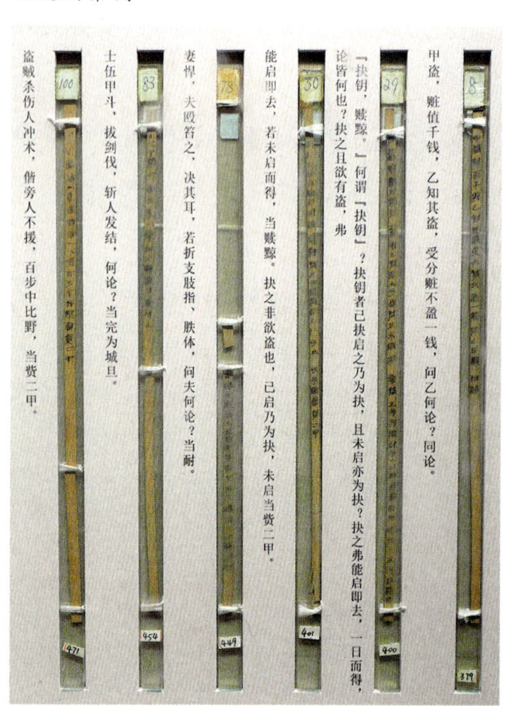

秦简《日书》成书于秦昭王时期，民间主要用以选时择日，对当时中下层人民生活的诸多方面均有描述，其中关于秦国六畜饲养业的记载颇多。《日书·马》所载，记叙了当时秦国养马及畜牧业发展，为中国古代相马学史的研究提供了直接且真实的资料。

"禖"，古指求子之祭，也指求子所祭之神。《日书·马》所指之禖，

▲秦襄公，春秋初期的杰出君主，为秦国社会发展和强盛奠定了基础

是秦人祈求马神保佑马的繁殖与生长的祭祀仪式，内容为祭祀马神时的祝词。由于竹简缺文等原因，祝词内容还未能全晓其义。据学者贺润坤先生研究：或是秦国民间祭祀马神的仪式相当隆重，要牵马于祭祀场所，使东向南向各立一马，然后用某处之土，以作马禖之形，再绕马厩而行，应奉祭物；或是祭祀者祈求马神驱除马的疾病与灾难，保佑马能健壮成长；抑或是祭祀者希望马神使自己养殖之马达到善马标准。这段祝词中，祭祀者对马头、耳、目、脊、腹、四足、尾等主要部位提出具体要求，基本符合中国古代相马外形学的科学标准，是当时一部朴素的相马经。

《日书·马》中，对马体各主要部位的理想要求与《铜马相法》和《齐民要术》相马经相似或相同。限于当时相马法尚处于发展时期，不如《齐民要术》记载得具体细致。当然，作为祭祀马神的祝词，《日书·马》不可能述之甚详。但其言虽简略，却一语中的，简明扼要地提出了对良马的科学标准。秦人提出良马要“耳聪”“目明”“鼻能糗乡”“腹为百草囊”，四肢发达而善行。可见，《日书·马》不仅仅是秦国民间的养马及相马经验，更是得之相马高手的真传。

与《日书·马》秦简同时出土的还有《编年记》《秦律十八种》《秦律杂抄》《效律》等10种，其中有久已失传的秦律（非全本）。秦简中对某些律文的问答体注释，与治狱有关的文书等，内容极为丰富，反映了从商鞅变法到秦统一全国一个世纪政治、军事、经济、文化等各方面的内容。将相马经与如此重要的秦律存放在一起，可见马在当时秦国的重要性。

的确，在秦人的发展历程中，作为基本的动力使役，马始终扮演着重要

的角色，秦人与马有着浓厚的历史渊源关系。可以说，秦兴起得益于马，立国依靠于马。地处西北边陲的秦人，凭借优越的自然地理环境形成了固有的养马习惯，受益于马的繁衍壮大。秦人的御马术超群卓越，造就出了像伯乐和九方皋这样著名的相马大师。他们的《相马经》早已为世人所传诵，成为民族文化的宝贵遗产。秦始皇陵东侧的兵马俑陪葬坑中出土的陶马及陵西发现的陶马、铜马造型，形象而真实地再现了《相马经》中关于良马的精辟论述：“马头为王欲得方，目为丞相欲得明，脊为将军欲得强，胸为城郭欲得张，四下为令欲得长。”

正是秦国具备了马这一充裕的动力，才有了战胜他国得天独厚的条件。常言虽说赵武灵王“胡服骑射”，将骑兵的出现归之于赵。其实，秦穆公时，已有“畴骑五千”，较赵武灵王早了三百多年。秦俑二号坑中车、步、骑联合编制的军阵，充分说明了马在古代战争中机动灵活、随机应变的特点，也体现出秦人御马技术的高度熟练程度。

秦王朝建立后，在全国建立起了一整套马政机构并颁布了有关的法律政策。中央九卿之一的太仆是主管马政的最高官吏，其下设丞二人为副手。京师咸阳附近有若干官马机构，如大厩、左厩、中厩、宫厩等。在西北游牧区设“六牧师令”，每牧师令领有若干牧场。另外，还有各地郡县管理饲养军马的“苑”。除了官方养马之外，秦王朝还鼓励私人养马，如乌氏倮就养了大量的马牛，多到要以山谷来计算的程度，秦始皇曾赐给他封邑。难怪张良劝刘邦定都关中，“（关中）北有胡苑之利”。

▼秦人拥有利于作战的便捷坐具，又长于骑射，因而具有强大的战斗力

秦简《秦律杂抄》中明确规定了对伤害马的行为所做的惩罚：“伤乘舆马，革一寸，赀一盾；二寸，赀二盾；过二寸，赀一甲。卒岁六匹以下到一匹，赀一盾。志马舍乘车马后，毋敢炊饬，犯令，赀一盾。已驰马不去车，赀一盾。”赶车时若技术不熟练，将驾车马的皮肤划伤要受罚，满一年所训练的骏马数不够六匹，也要受罚。每年还要对所乘之马进行优劣评比，专设考核法律。秦简《秦律杂抄》云：“吏乘马笃，胔及不会期，赀各一盾。马劳课殿，赀厩啬夫一甲，令、丞、佐、史各一盾。马劳课殿，赀皂啬夫一盾。”秦简《厩苑律》也有一套奖罚制度：马死了要及时汇报，如果没有及时处理而使马腐烂了，要按未腐败时的价格赔偿；而且，马都有标记，都登记在册，对马的饲养、驯教、服劳役的情况等也都有考核。秦简《效律》：“马牛误职（识）耳……赀官啬夫一盾。”其中“识耳”即标记，证明秦代已经具有了较完备的“马籍法”。饲马的谷子和草敛于民，秦简《田律》规定：“入顷刍槁，以其受田之数，无垦不垦，顷入刍三石、槁二石，刍自黄及（乱草）束以上皆受之。”为了保护养马业，秦政府对偷盗者也给予严格处治，“甲盗牛，盗牛时高六尺，（系）一岁，复丈，高六尺七寸，问甲可（何）论？当完城旦”。可以看出，秦政府对马匹使役的立法保护相当严明。

▲图为秦直道上的鬼谷口，是甘泉宫向北的第一个关口

两千多年后，这部《日书·马》的秦简大白于天下，描述了秦人祭祀马神时的场景，祝词中充满了秦人祈求马神保佑马的繁殖与生长的殷切希望。祭祀的青烟袅袅升起，飘荡在茫茫原野上，匹匹骏马驰骋在草原上，讲述着秦人一路走来的点滴故事，强健的步伐描绘出秦人一统华夏的悠悠往事。

神马当从西北来

——汉武帝《太一天马歌》

太一贡兮天马下，沾赤汗兮沫流赭。骋容与兮跇万里，今安匹兮龙为友。

——《史记·太一天马歌》（天马歌一）

天马来兮从西极，经万里兮归有德。承灵威兮降外国，涉流沙兮四夷服。

——《史记·西极天马歌》（天马歌二）

▼白马近照

《史记·大宛传》曰："初，天子发书《易》，云'神马当从西北来'。得乌孙马好，名曰'天马'。及得大宛汗血马，益壮，更名乌孙马曰'西极'，名大宛马曰'天马'云。"最初汉武帝欲求良马，占卜结果说"神马当从西北来"。

▲这双西汉青铜马腿出自江西西汉海昏侯墓

西北有好马乃是常识，算不得神卜，但一位在敦煌服刑的名暴利长的人却抓住机遇，投其所好，欲献良马立功赎罪。《史记·乐书》集解引李斐曰："南阳新野有暴利长，当武帝时遭刑，屯田敦煌界。人数于此水旁见群野马中有奇异者，与凡马异，来饮此水旁。利长先为土人持勒靽于水旁，后马玩习久之，代土人持勒靽，收得其马，献之。欲神异此马，云从水中出。"野马饮水，人所共见，但是要捉野马，谈何容易。荒漠中四处无遮挡之物，无法接近马群，暴利长颇有智谋。经过长期观察，他发现了野马在渥洼水边最常出现的位置，造出一个手持绊马索的土偶立在水边。待日久野马习惯后，利长就移去土偶，自己扮作土偶手持绊马索站在水边。捕获野马后，他将神马献于武帝。为了神化野马，利长诡称此马出自水中，以应占卜的结果。武帝认为这是天赐的神马于是欣然作歌。《史记·乐书》曰："又尝得神马渥洼水中，复次以为《太一之歌》。"

"天马"一词在中国古典文学中出现，最早见于《山海经》之《北山经》："（马成之山）有兽焉，其状如白犬而黑头，见人则飞，其名曰天马。"此处所言"天马"，并非马，而更近乎神兽。汉初，"犯我强汉者，虽远必诛"，强大的国家政权以丰足的国力和武备为基础，马匹是战争中的利器和国家财富的象征，天马则被赋予了更多的现实意义。

▲图为汉武帝蜡像

《史记·大宛传》曰:“(大宛)多善马,马汗血,其先天马子也。”《集解》引《汉书音义》曰:“大宛国有高山,其上有马,不可得,因取五色母马置其下,与交,生驹汗血,因号曰天马子。”汉武帝觉得大宛马称为天马更恰当,于是改称渥洼水边所得的乌孙马为西极马。“而天子好宛马,使者相望于道”。(《史记·大宛列传》)武帝重视武力,喜欢马之神骏,认为西域良马天下无双,先后派遣使臣西去。一方面寻求联合大月氏攻打匈奴,另一方面访求传说中的汗血宝马。然而,使者被截杀抢去财物的事屡屡发生,汉武帝有意派兵征讨。恰在此时,有人向汉武帝进言,说大宛宝马皆隐藏在贰师城,不给汉朝使者。武帝听说后派壮士车令等持千金及金马去大宛要求换取大宛宝马。大宛贵族分析形势,认为汉朝遥远,汉军给养不便,不会有大规模行动,而良马是大宛国宝,不能卖给汉使,于是加以拒绝。汉使怒骂,砸坏金马而去。大宛国贵族唆使途中的郁成(一个小城邦)袭杀汉使,取其财物。

太初元年(前104年)汉武帝遂拜李广利为贰师将军,率兵数万,目标是取贰师城良马。此次出兵不顺利,后方蝗灾,沿途小国又坚守不供军粮,士卒饥困,到达郁成时只剩数千人。只得退兵至敦煌,往返费时二年,士卒只剩无几。李广利上书说明道远缺粮兵少,请求增援后再往大宛。汉武帝大怒,派使者在玉门关拦截,说敢入关者斩。李广利只得留驻敦煌。当时大臣中也有人主张取消伐大宛的行动,全力对付匈奴。武帝认为不攻下大宛,不仅得不到宛马,还会被大夏国等轻视,途中各小国也会更多地困扰汉使,于是压制反对者的意见，再次伐大宛。

经一年多的准备，带足粮草兵弩，派懂水利者准备断绝大宛城的水源，又派懂马的专家二人为执驱校尉，以备破城后择取良马，并在酒泉一带发戍卒 18 万，加强防守。此次征讨声势浩大，准备充足，一路进展顺利。大宛城内贵族不得已杀大宛王毋寡议降，要求汉军不攻城，大宛方面保证良马可以随意挑选，充分供应汉军粮食。李广利答应条件，终于择取宝马数十匹，普通宛马三千余匹，立大宛贵族中对汉使友好者昧蔡为大宛王，然后撤军东归。两次伐大宛共用时 4 年，物资耗费与人员伤亡很大，但终得骏马，武帝为此创作了第二首《天马歌》，交于乐府排练，用于郊祀大典。

▼宝马英姿

丝路上的大宛名马以其神骏飘逸、奔跑迅速而得名天马。得到天马之后，汉民族就有了征战游牧民族更为主动的物质力量，有利于进一步促进西域开发的步伐。《汉书·食货志》曰："汉兴，接秦之敝……自天子不能具醇驷，而将相或乘牛车。"文帝时"今令民有车骑马一匹者，复卒三人。车骑者，天下武备也，故为复卒"，养马即为军用。武帝时"众庶街巷有马，阡陌

之间成群”，骑兵得以发展。据《史记·匈奴列传》所载，元朔元年（前128年）卫青率3万骑击胡。元朔五年、六年，卫青曾率10余万骑击匈奴；元狩四年（前119年）卫青、霍去病率10万骑再加招募的14万骑追击匈奴；天子巡边，勒兵18万骑；李广利率兵数万骑，没有大量战马供应就不可能与匈奴周旋。将两首《天马歌》用于郊祀宗庙大典的场合，反映出汉武帝对天马的重视并非仅是个人爱好，得天马的背景是开发西域的大事业，具有重要的社会意义。为此，在汉代的文学典籍中，天马是盛世之马与强国之马。

爱马咏马是历来王侯将相惯有的通例。西汉之前，就有爱马的掌故。《穆天子传》中穆王八骏，各有其名，如赤骥、盗骊、白义、渠黄、华骝、绿耳等，周穆王赖此得以远游西部。《史记·孙子吴起列传》中田忌赛马，赵武灵王胡服骑射，《战国策·燕策一》中以千金求千里马，汉武帝从历代帝王爱良马的传统中得以继承。汉武帝重视良马，臣民们自然会投其所好，两次得天马就都有臣民迎合其爱马癖的情节。虽为颂马，实则是汉武帝在为自己文治武功歌颂。《史记·乐书》所载“归有德”“降外国”“四夷服”等字眼就是明证。

茫茫戈壁上，朔风呼啸，神马飞奔，诗歌强烈的画面感与代入感，穿越历史的尘烟，带领着两千多年后的读者想象那令人惊心动魄的岁月，感受神马西来的神奇往事。

金鞍白马游侠行

——三国曹植《白马篇》

白马饰金羁，连翩西北驰。借问谁家子，幽并游侠儿。
少小去乡邑，扬声沙漠垂。宿昔秉良弓，楛矢何参差。
控弦破左的，右发摧月支。仰手接飞猱，俯身散马蹄。
狡捷过猴猿，勇剽若豹螭。边城多警急，虏骑数迁移。
羽檄从北来，厉马登高堤。长驱蹈匈奴，左顾凌鲜卑。

▼山东聊城鱼山曹植墓

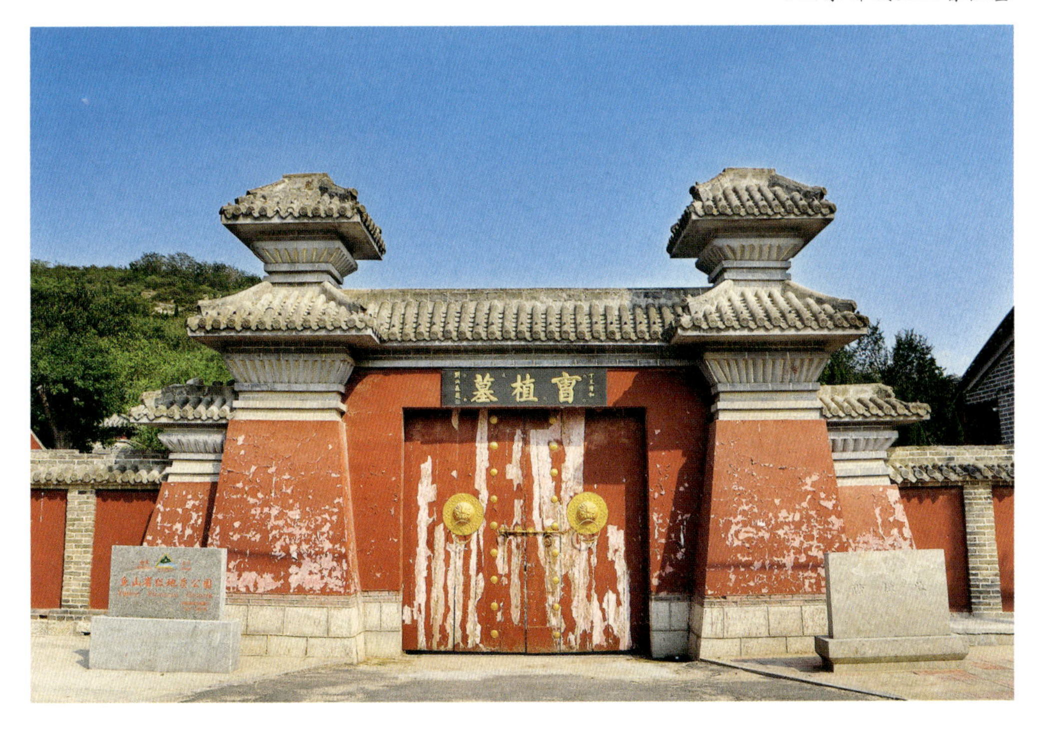

▲嘉峪关7号墓出土，魏晋南北朝时期的猎獐图，为研究河西地区的政治、经济、军事、文化、民族融合、生活方式等提供了可靠的实物依据

弃身锋刃端，性命安可怀？父母且不顾，何言子与妻！
名编壮士籍，不得中顾私。捐躯赴国难，视死忽如归！

《白马篇》开篇奇美异常、悬疑丛生，以“白马饰金羁，连翩西北驰”勾勒出一位夺人眼目的白马游侠形象。在“白马何以‘连翩西北驰’？西北又如何？”的追问中，宕开一笔，用“借问谁家子”的提问切入话题。“借问”以下的12句铺叙向人追述了白马主人“连翩西北驰”。“控弦破左的，右发摧月支。仰手接飞猱，俯身散马蹄”四句选取了几个具体的场景，抓住细节，将一系列箭靶名罗列开，从左、右、上、下不同方位来层层渲染，把左右开弓、箭无虚发、身手矫捷、技艺精湛的游侠推至眼前，并用凝练生动的语言层层补叙了游侠的身世出处及其少年成名、勤学苦练所修成的精湛骑射技艺。

细读诗歌，娓娓道来中令读者生成一幅动态画面，嗒嗒马蹄声所营造出“边城多紧急”的紧张局面，层层推进的长篇叙事借补叙之笔，揭开了奇美开篇的疑问——马上何人？何以西驰？继而曹植将诗笔又推回到“名在壮士籍”，告别家人时的心情，结篇以“捐躯赴国难”的誓言与开篇“连翩西北驰”的一幕叠合．诗歌章法奇警，回环往复的层层铺设使白马英雄的形象渐次深化，忧国去家、捐躯济难的主题得到鲜明突出的表现。

叶嘉莹先生言："一首诗写得好，并一定是因为诗人感情深挚或思想超越，而是由于诗人的'气'，这种'气'使他的诗具有一种能够震慑读者的气势。"《白马篇》则体现了曹植逞才使气的特点。诗人运用大量从《诗经》、汉乐府习得的铺陈手法，从平常演练到战场击敌，既勾连了故事的情节，又补充了叙事的环节，层层渲染、丝丝浸润、面面俱到地勾勒出"狡捷过猴猿，勇剽若豹螭"的白马英雄形象。

在《太平御览》卷三五九兵部引此诗时，题目为《游侠篇》，篇题以"白马"为篇，看似与游侠无关联。诗歌取首句名篇，"白马"只是诗人表情达意的一个衬托。沈德潜言："白马者，言人当立功为国，不可念私也。""生乎乱，长乎军"的曹植，从小受曹操影响，尚武任侠，有"建永世之业，流金石之功"的宏愿。诗中塑造的风流俊爽、武艺高强的少年游侠形象，正是诗人本人张扬个性、希冀建功的人格精神的真实写照。朱乾在《乐府正义》中言："此寓意于幽并游侠，实自况也。子建《求自试表》云：'昔从武皇帝，南极赤

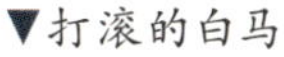
▼打滚的白马

岸，东临沧海，西望玉门，北出玄塞。伏见所以行军用兵之势，可谓神妙。而志在擒权馘亮，虽身分蜀境，首县吴阙，犹生之年。’篇中所云‘捐躯赴难，视死如归’，亦子建素志，非泛述矣。”

曹植所处的年代，是一个苦难深重的时代。军阀混战，瘟疫流行，国家分裂，田园荒芜，白骨蔽野，民不聊生，边地外族趁机入侵，不断扰乱北方边境。乱世出英雄。正因内忧外患接踵而至，建安时期英雄辈出、民族精神高昂。志士仁人意在消除动乱，外御其侮，争取统一中国，复兴华夏，曹植本人正是这种英雄主义的杰出代表。尽管由于种种条件的限制，他未能够建立宏伟功业，但他在诗文中歌颂英雄，呼吁统一，唱出了时代的最强音，产生了巨大的影响。

在诗歌中，曹植升华了先秦狭隘的游侠思想，用抵抗外族侵略、为国捐躯及视死如归的爱国精神取代了先秦游侠“以武犯禁”“为死不顾世”的狭隘精神，突破了市井游侠狭隘的英雄主义价值观，为后世游侠提供了一种人生价值实现的选择模式：或为公废私，以名节自任；或以立功边塞，以求封受

▼曹操与儿子曹丕、次子曹植被誉为文学界的“三曹”

赏为目的；或纯以涉猎游冶为目的，这种游侠形象及其功业理想对后世游侠诗产生了深远的影响。此外，《白马篇》首创游侠形象与边塞背景相结合，重视对边塞背景的铺陈，将游侠精神置于开阔宏大的边塞环境中加以表现和强调，在一定意义上实现了游侠诗向边塞诗的转变。将游侠从江湖引到边疆塞漠，边疆塞漠为武艺高超的游侠提供了立功边塞的英雄用武之地，而英姿飒爽、配备精良的游侠又为辽阔荒凉的塞漠增添了些许亮丽的风采，开创了以边塞游侠题材抒写建功立业之理想的先河。方东树《昭昧詹言》评《白马篇》是“后来杜公《出塞》诸什，实脱胎于此。明远《代出自蓟北门》《结客少年场》《幽并重骑射》皆模此”。

诗歌是诗人的内心独白。曹植将游侠的“义”和战士的“魂”都倾注在白马游侠儿身上，赋予他英雄的骨、血、精、气、神。白马英雄没有华丽的衣裳和俊俏的面孔，但是他很美，美在少年扬名，他仿佛是曹植这个少年王侯的投影；美在武艺高超，一种尚武善战的精神；美在英勇善战，他是忠于国家、忠于天下的英雄；美在舍家卫国，他实现了千秋文人的侠客梦想和报国理想。曹植一生便是这样的执着，即使是在受到冷遇的中晚年也是壮志未泯。他在给好友杨修的信中说，他要“戮力上国，流惠下民，建永世之业，流金石之功”（《与杨德祖书》）。曹丕即位后，他写下“闲居非吾志，甘心赴国忧”（《杂诗》）。太和二年（228年）在向曹叡上书时，曹植更是表明自己要“功铭著于鼎钟，名称垂于竹帛”（《求自试表》）。

山野广袤无垠、岿然不动，骏马跃动奔驰，气势如虹。一静一动之间画面的壮美与飘逸、静穆与动感，对比鲜明，雄奇壮观。苍茫天地间，骏马少年鲜活生动；色彩白黄相间，鲜明耀眼。看见的是绝尘而去的白马，听见的是渐行渐远的马蹄声，想见的是边战的危急。承《风》《骚》之传统，取汉乐府之精髓，得文人诗之雅致，体被文质，有秀出于众的“骨气”，呈多姿华茂的“词采”。《白马篇》代表了建安五言诗的较高水准，在艺术体貌上展示了曹植五言诗密集、全面、丰厚的艺术美。曹植对诗歌艺术的自觉追求与成就无疑成为其“建安之杰”“六朝到唐初诗神”的标签，以《白马篇》为代表的诗美追求，深远地影响着中国诗歌艺术美的走向与创新。

赭白逸异并荣光

——南朝宋颜延之《赭白马赋》

骥不称力，马以龙名。岂以国尚威容，军驸趫迅而已？实有腾光吐图，畴德瑞圣之符焉。是以语崇其灵，世荣其至。我高祖之造宋也，五方率职，四隩入贡。秘宝盈于玉府，文驷列乎华厩。乃有乘舆赭白，特禀逸异之姿。妙简帝心，用锡圣皂。服御顺志，驰骤合度。齿历虽衰，而艺美不忒。袭养兼年，恩隐周渥。岁老气殚，毙于内栈。少尽其力，有恻上仁。乃诏陪侍，奉述中旨。末臣庸蔽，敢同献赋。其辞曰：

……

徒观其附筋树骨，垂梢植发。双瞳夹镜，两权协月；异体峰生，殊相逸发。超摅绝夫尘辙，驱骛迅于灭没。简伟塞门，献状绛阙。旦刷幽燕，昼秣荆越。教敬不易之典，训人必书之举。惟帝惟祖，爰游爰豫。飞辂轩以戒道，环毂骑而清路。勒五营使按部，声八鸾以节步。

▼南朝陶鞍马

▲宝林禅寺，始建于公元527年，为南朝梁武帝萧衍营造的皇家寺院

具服金组，兼饰丹雘。宝铰星缠，镂章霞布。进迫遮迾，却属辇辂。欻耸擢以鸿惊，时濩略而龙翥。弭雄姿以奉引，婉柔心而待御。

……

乱曰：惟德动天，神物仪兮。于时駔骏，充阶街兮。禀灵月驷，祖云螭兮。雄志倜傥，精权奇兮。既刚且淑，服鞿羁兮。效足中黄，殉驱驰兮。愿终惠养，荫本枝兮。竟先朝露，长委离兮。

此赋写于南朝宋文帝刘义隆时代，具体时间不详。刘义隆即位前为中郎将时，其父刘裕赐予骏马名“赭白”，待到刘义隆即位为帝，赭白马死去。于是，宋文帝命陪侍诸臣“奉述中旨”，为赭白马作赋，作者于是创作此赋献上。

作为封建时代的“遵命文学”，本该极尽歌功颂德之能事，以迎合帝王心理为创作旨趣。然而，此赋却并非一味歌功颂德的“马屁”文字，主旨在于讽谏规诫。全赋以写骏马为线索，将讽谏规诫的宗旨贯穿于全篇首尾，体现了作者的良苦用心。

此赋的开篇别开生面，看似颂赞骏马良驹，实则追慕古圣先贤。作者列举

▲南朝贵族男女出行图砖，南京雨花台出土

了龙马衔图出河的传说，强调历代明君修行仁德是神马出现的必要前提。“我高祖之造宋也，五方率职，四隩入贡。秘宝盈于玉府，文驷列乎华厩。乃有乘舆赭白，特禀逸异之姿。”列举“帝轩陟位”“后唐膺箓”“汉道亨”“魏德楙”而得宝马的传说阐明君王以修德为本的主张。

赋中对马的形体、神态、速度做了形象描写。只观看其骨骼隆起，筋络附着，长尾下垂，鬃毛直竖。双目似明镜，两额圆如月，奇异体形像山峰，形象不凡。赭白马腾跃而超出尘轨，奔驰之速若灭若没，难辨其形彩。挑选壮健之马于边关，呈献异相于朝廷。“旦刷幽燕，昼秣荆越”，早晚在不同地点刷马、喂马，描述这匹骏马一日之间的行程。钱锺书先生在《管锥篇》中对此有精辟的论述：“按前人写马之迅疾，辄揣称其驰骤之状，追风绝尘。”“颜氏之‘旦’‘昼’，犹‘朝’‘夕’也，而一破窠臼，不写马之行路，只写马之在厩，顾其过都历块，万里一息，不言可喻。文思新巧，宜李白、杜甫见而心喜。李《天马歌》：‘鸡鸣刷燕晡秣越’，直取颜语；杜《骢马行》：‘昼洗须腾泾渭深，夕趋可刷幽并夜’，稍加点缀，而道出‘趋’字，便落迹着相。”颜延之对马的描述的确独辟蹊径，颇有创意。虽然描绘的骏马筋骨瘦削，却突出了其不凡的神采，对比鲜明，给人印象深刻。尤为“夹”“协”两个动词的衬托，使马的神异俊貌跃然纸上。写马速度之快，不直接写骏马日行千里的动态，而是用“旦刷幽燕，昼秣荆越”的静态描写，这就一反过去写法的俗套，给人以耳目一新之感。

在正面描述骏马形貌神采的雄姿伟态中，作者着意突出对马要施以教习，使它遵循永恒的法典，顺从国君的举动。宋文帝刘义隆、宋武帝刘裕皆骑乘赭白马出游巡查，驾轻车驰骋而警戒道路，持弓箭的骑兵环绕其周围以护卫，仪仗队循序渐进，八铃鸣响调整着前行的节奏。马身涂饰红色，披挂金甲组甲，马具上有精美的装饰，好比星辰环绕。镂刻的花纹如彩霞散布，它时而耸起，如鸿鹄惊飞；时而驰驱，似神龙疾飞。停止时，顺从地为皇帝前导引车，柔顺温和地等待皇帝的驾驭。

君王登临广望之台上，测验士兵的骑射技艺，品评骏马的奔腾，赭白马奔驰疾速，踏入辽远的赛场便与群马分道扬镳，沿着漫长的道路与群马竞比雄壮，马的胸膛流出赭红色的汗沫。君王之心降爱于赭白马而微微现出和悦的样子，都城的人们都抬头而望，聚众而称悦。然而，“般于游畋，作镜前王”，作者夹叙夹议中正面告诫宋文帝应“鉴武穆，宪文光，振民隐，修国章”；对于骏马，则无须过分娇宠，同时应吸取历史上一些游乐无度而发生意外的君主的教训，“戒出豕之败御，惕飞鸟之踦衡”，且于寻常容易忽略的方面倍加谨慎，于未及防范之事要认真戒备，对马的驾驭饲养就是知遇与仁爱。随着它衰老而至死亡，也是自然之理。用破旧的帷帐包裹马尸掩埋，那便是天情周至，皇恩有加。语意殷切，不失

▼南朝出土的冥器陶马车

辛辣与尖锐。至此，此赋“爱马不如爱人，宠马不如修德，游猎足以堕志”的主题得到了完整的体现。

应诏作赋的颜延之“铺彩摛文，体物写志”，从颂扬盛世落笔，通过对驯马、出游、校场比武等几个场面的铺陈烘染，对“赭白马”进行了淋漓尽致的描绘。全赋章法谨严，文笔流动奔放，语言简古而不晦涩，且多警策之语，可谓“诗人之赋丽以则”的典型。此外，此赋语言的色彩较为突出，如铺写赭白超逸群伦的形体、骨相、神态、速度，其飒爽英姿，呼之欲出，栩栩如生，使人如睹一幅气势淋漓的骏马图卷。

颜延之是元嘉文学中举足轻重的人物，“文章之美，冠绝当时”，常与谢灵运并称，“爰及江左，称彼颜谢”。其学识与品行深受颜氏家族深厚儒学的熏染，秉承了颜氏不阿贵的傲骨。今存其赋 4 篇，即《白鹦鹉赋》《寒蝉赋》《行殣赋》《赭白马赋》，形式上使事用典、属对工整，是成熟的骈赋，体物中多有所寄托。《赭白马赋》在抒情小赋中则属于“鸿篇巨制”，在内容和形式上都有汉大赋的印记。在继承汉大赋润色鸿业、宣谕上德、雍容揄扬的价值取向和铺张扬摛的审美追求的同时，随着时代审美趣味的演化，在艺术风格上也做了相应的探索，在元嘉文学革除东晋诗风的过程中有着不可磨灭的功绩。

冀北神骏报皇恩

——南朝梁王僧孺《白马篇》

千里生冀北，玉鞘黄金勒。散蹄去无已，摇头意相得。豪气发西山，雄风擅东国。飞鞚出秦陇，长驱绕岷僰。承谟若有神，禀算良不惑。瀚汩河水黄，参差嶂云黑。安能对儿女，垂帷弄毫墨。兼弱不称雄，后得方为特。此心亦何已，君恩良未塞。不许跨天山，何由报皇德。

▼飞驰的骏马

▲南京宁南大道出土的南朝陶女俑，现藏于南京市博物馆

传说古代冀州的北部产良马，世人皆知的千里马就出自那里。那千里神马配上玉质的鞭鞘，黄金制的马勒，昂首挺胸，放开马蹄无所顾忌地奔跑，充满豪气和雄风，不停蹄地驰骋在边疆沙场。是伯夷、叔齐隐居的西山灵地培育了骏马豪迈的气概与桀骜不驯的习气，其英姿飒爽享誉神州。这如飞的骏马出了秦陇，长途跋涉一路向前，驱驰环绕于岷山僰地，遇乱明辨沉稳不疑，机警如有神明相助。诗歌的后半部分，诗人开始隐喻自己的处境，面对急流激荡、水波相击、浓云密布、高峰险峻的险境，诗人却只能放下室内悬挂的帷幕，专心读书写作，不能建功立业，在政坛上有所作为。诗人的人生遗憾和报国无门，实该感叹。

《乐府诗集》之《白马篇》题解曰:“白马者，见乘白马而为此曲。言人当立功立事，尽力为国，不可念私也。《乐府解题》曰:‘鲍照云:白马骍角弓。’沈约云:‘白马紫金鞍。’皆言边塞征战之事。”最早写作《白马篇》题的作者当属曹植，原调为《齐瑟行》，因为以“白马饰金羁”开头，所以题为《白马篇》。曹诗中塑造了一个武艺高强、渴望为国立功不惜流血牺牲的边境游侠儿形象，充满豪情壮志，表达了诗人渴望建功立业的政治情怀，后世拟作多不出此范围。《乐府诗集》中收录的齐梁同题作者还有孔稚珪、沈约、徐悱等人，均先极言边塞征战之事，后归结到报君恩、立修名上来，如孔稚珪“但使强胡灭，何须甲第成”之句直接将“灭强胡”跟“成甲第”联系起来，功利之心自不待言；沈约“本持躯命答，幸遇身名完”一句流露出忧生惧死之色，顿失豪气，有落入俗套之嫌。

王僧孺此篇《白马篇》，是典型的齐梁拟乐府赋题的做法，并非模拟旧篇，仍然保持叙事模式，只是全用偶俪文体，可以说是典型的齐梁偶俪体叙事乐府诗。其基调也是表达诗人渴望建功立业的政治情怀，但情感较之其他齐梁同题《白马篇》更为昂扬，主要以咏白马为主。诗文中的从军之士是作为白马的骑手身份出现在作品中，即使最后抒发“不许跨天山”的感慨，仍然着笔于白马之事。

前半部分，诗人以骏马飞驰入手，对白马的描绘较为传神，将白马一往无前的矫健身影跃然于纸上。下半部分抒发感慨，男儿应该投身战场，为国捐躯，“安能对儿女，垂帷弄毫墨”，情绪非常激昂，志向异常远大，然而接下来情绪跌入悲凉中。由于“不许跨天山”，导致“兼弱不称雄”，年轻理想未能实现，年老将何以堪？诗中有所抱怨，亦有一丝苍凉感。此诗重性情的直接抒发，语言简劲雄峻，与当时的轻靡文风不一样。后世评论认为，较之前半部分对白马的描述，后半部分言志抒情缺乏真情实感，矫揉造作，艺术表达上稍逊一些。笔者认为王僧孺为儒者，武事非其所长，再考虑到齐梁时期的整体文风和社会思潮等原因，不可过于苛求。

▼图为南朝男性画像砖。画像砖是古人营造祠堂、墓室、石阙等壁面的一种重要的装饰性图像材料

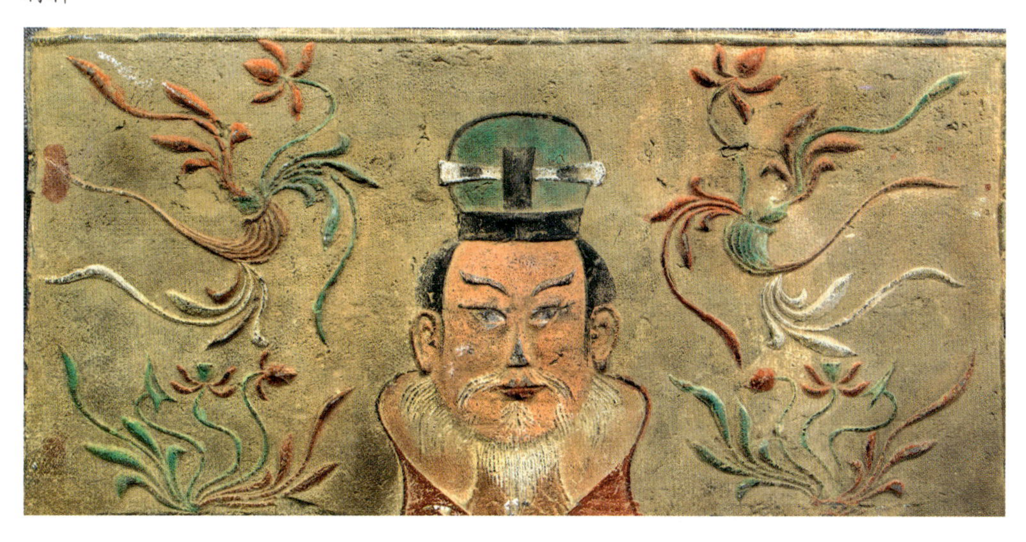

阎采平说:“正因为齐梁文人的人格品味基本相同,所以,齐梁文人的诗歌创作时代风格很明显,而个人特征则不突出。”王僧孺诗风当然也打上了时代的烙印,但是由于家庭出身、人生经历和个人修养的不同,他又独具自己的风格。认真研读其诗作,发现其直面社会,抨击现实,感慨人生,抒发情怀,写作风格多样。

王僧孺自幼聪慧,且博览群书,颇为自许,有着传统文人渴望建功立业的理想和抱负。但是家境贫贱,靠替人抄书为生,接触过下层社会,见识过基层官吏的专横跋扈,仕途坎坷,故而对社会有所批判,对个人身世有所感慨。所作之诗声调激越,格调豪壮,语言质朴,多用典故,文气贯通,总体呈现出“高古雅怨”的艺术风格。《白马篇》命意高古,借一匹“豪气发西山,雄风擅东国”的千里马抒发自己的抱负。“安能对儿女,垂帷弄毫墨”气概非常高亢,但想到自己弱冠不能及时成立,不由得由高亢坠入到悲凉之中。结尾两句揭示位低才高之人没有报效国家的机会,自己不为世人所识,英雄无用武之地的悲哀。诗人借物言志,表现出自己想有所作为而又不能的怅然失意,同时揭示了一定的社会现实。

▼南朝持剑武士画砖,南京博物院藏

因自幼受儒家思想的影响,“僧孺年五岁,读《孝经》”,问授课先生此书内容,先生告之“论忠孝二事”。他说,要是这样,愿意经常读此书。曾经有人送其父“冬李”,先拿一个给他吃,他没有接受,并说“大人未见,不容先尝”,可见其深谙长幼之序,尊敬长辈。当他家道中落,便“常佣书以养母”,以尽孝道。此外,他还有浓重的忠君报恩思想,如《朱鹭》言“愿识昆明路,乘流饮复栖”。在《除吏部郎启》中,这种报恩思想表现得更为突出,如

“生所不胜，瞻恩奉德，死何能报”。《白马篇》中，“何由报皇恩”亦是明证。

“思想领域从两晋的以玄为主，又回到多元并存的局面中来。……这种变化，对于士人心态的影响，是把他们从玄虚人生的思索中又带回到现实中来。”（罗宗强《魏晋南北朝文学思想史》）所以，此时期的文人多具有积极的入世精神。《白马篇》中的“安能对儿女，垂帷弄毫墨。兼弱不称雄，后得方为特”，《古意诗》中的“人生会有死，得处如鸿毛。宁能偶鸡鹜，寂寞隐蓬蒿”等语句，都能看出其中寄托了王僧孺立身济世，成就功名的宏伟抱负。

在艺术表现方面，王僧孺在诗歌语言通俗化和构思新巧方面着力很深。其诗写景工巧，融情于景，意境阔大，在写景诗方面有所拓展。如《白马篇》“千里生冀北，玉鞘黄金勒”“豪气发西山，雄风擅东国”，这类诗的一个常见手法是开篇便通过视野的展开营造出一种阔大的意境，奠定一种雄浑悲壮的基调，诗末的抒情感叹则在此基础上将这一意境推向极致。

研读《白马篇》，可知王僧孺有理想、有抱负。他奋发自强、积极进取，性格中有表现出雄豪、高昂的一面，如一位驰骋沙场、豪气逼人的“游侠儿”，也像一名重名轻利，放弃生命在所不惜的勇士。当然，特定的时代背景与个人经历，使得“无奈须眉不丈夫”的群体性格特征在其作品中亦有体现。他的诗中始终萦绕着一丝愁绪，格调深沉，诗情独特，其文学成就在齐梁诗坛中占有一定地位。

老马晚暮亦识途

——南朝陈沈炯《咏老马》

昔日从戎阵，流汗几东西。
一日驰千里，三丈拔深泥。
渡水频伤骨，翻霜屡损蹄。
勿言年齿暮，寻途尚不迷。

▼骑马图画像砖，南朝邓县（今河南邓州市）出土

▲沈炯《咏老马》

战场上驰骋千里，雄姿英发。路途上奔驰原野，一日千里。丈余深的泥潭中拔腿而出，多次渡河伤及筋骨，风霜磨砺着蹄甲，岁月催老了身躯。老马识途，其智可用也。

我国自古就有尊老敬老的风尚。南北朝梁陈时期，最高统治者对战功卓越的老臣不够重视，有所忽略。诗人沈炯不禁慨然命笔，呼吁要像伯乐般认识千里马老而不衰的巨大作用，不让它“只辱于奴隶人之手，骈死于槽枥之间”。他以马喻人，强调要尊重老人，讽刺与鞭挞当时腐化愚昧的最高统治者不知体恤贤能的现象，抒发了抑郁不平之情。

沈炯，字礼明，吴兴武康（今浙江德清县人），是南朝梁末至陈代较著名的文人，也是南朝吴兴沈氏中杰出的文人。少有俊才，为当时所重。梁时任尚书左民侍郎，出为吴令。沈炯的前半生，世道安稳，生活安定，他与当时大多数文士一样，过着宴饮游乐、奉和应制的生活，在为官办事上有其祖风范。《梁书·江子一传》载“左民郎沈炯、少府丞顾玙尝奏事不允，高祖厉色呵责之，子四（江子一弟）

▲图为南朝陶牛车

乃趋前代炯等对，言甚激切，高祖怒呼缚之，子四据地不受，高祖怒亦止，乃释之。”虽未记何事，但可以想见，沈炯非阿谀逢迎之徒。

侯景叛乱给当时的社会带来了深重的灾难，沈炯及其家人在这场大动乱中尝尽屈辱和痛苦。因沈炯所做的盟文惹怒了侯景，侯景东奔至吴郡时，虏获杀害了沈炯之妻虞氏及其子行简，其母赖沈炯之弟保护才得以逃免。被虏身陷西魏时，作为土生土长的南方人，加之老母在东，沈炯“恒思归国”，又“恐魏人爱其文才而留之”，常“闭门却扫，无所交游。时有文章，随即弃毁，不令流布”。梁敬帝绍泰二年(556年)，沈炯终因诚意和文辞感动了魏帝，得以东归。但经历过多重劫难的沈炯已无意从仕，向陈武帝上表请求归养，诏不许。陈文帝嗣位后，再次上了有名的《陈情表》，诏答“寻当救所由，相迎尊累，使卿公私得所，并无废也”。559年冬十一月，王琳入寇大雷，文帝“欲使炯因是立功，乃解中丞，加明威将军，遣还乡里，收合徒众”，结果军功未立，反于次年初因病卒于吴中，时年五十九岁。

沈炯去世后，陈文帝即日举哀，并遣吊祭，赠侍中，谥曰恭子。姚思廉在《陈书》“史臣曰”中称道沈炯：“仕于梁室，年在知命，冀郎署之薄官，止邑宰之卑职，及下笔盟坛，属辞劝表，激扬旨趣，信文人之伟者欤!”李延寿在《南史》论赞中也称：“沈炯才思之美，足以继踵前良。然仕于梁朝，年已知命，主非不文，而位裁邑宰。及于运逢交丧，驱驰戎马，所在称美，用舍信有时焉。”

沈炯在当时颇有文名，《陈书》本传言其“有集二十卷行于世”。《隋书·经籍志》著录“陈侍中《沈炯前集》七卷。陈《沈炯后集》十三卷”。然宋时已大半散失。明张溥辑《汉魏六朝百三名家集》收《沈侍中集》一卷。清严可均《全陈文》

卷十四辑录其文18篇，逯钦立《先秦汉魏晋南北朝诗·陈诗》卷一辑录其诗19首。此即现今所见沈炯传世之全部作品。

沈炯少有隽才，一生坚守读书入仕的儒家道路，为当时所重。他一生忠良，侯景乱时，他为景将宋子仙所得，逼任书记，他坚决推辞，差点丢了性命；他重视孝亲，在魏期间，因母老思归，入陈后，他又因母老表请归养，其《请归养表》拳拳孝心，委实令人感动；他忧民忧生，逢国乱民苦之时，常对苍生百姓的痛苦报以极大同情，有知识分子的社会担当。

《咏老马》语言质朴，意境开阔，诗风苍老，颇具建安之风骨，形式上已近唐人五律，结对精当，音律和谐，笔势顺畅，可称佳作，是沈炯一生颠沛流离，仕途蹉跎，连遭剧变的人生慨叹。全诗亦赋亦比，以马自况。从"昔日"数起，一件件为老马评功摆好。结句更是热烈赞颂老马晚暮犹能识途，大有"老骥伏枥，志在千里。烈士暮年，壮心不已"的豪情壮志。然而"少尽其力，老弃其身"是多数良马的普遍遭遇，与豪迈的"烈士壮心"相比，诗中最后的感唱更添了几分苍凉和沉郁。因此，全诗表达的是一种复杂的感情，既含有壮志未衰、积极用世的精神，也是对自身晚景不幸的抗议。

联系诗人一生坎坷，自是不难品出其中的滋味。正如张溥在《沈侍中集题注》中言："文人颠沛，若沈初明者，其真穷乎！年齿知命，位仅邑长，遭乱执节，濒死幸生。"在梁、陈混乱之际，沈炯直面艰辛，书写乱离，忧国忧民，在六朝文学中占得了一席之地，在希冀立言以不朽的古代文人中，算是不幸一生中的些许幸运了。

马汗踏泥悲苦吟

——北朝乐府民歌《幽州马客吟歌辞》

快马常苦瘦，剿儿常苦贫。
黄禾起羸马，有钱始作人。

那日行千里、夜走八百的快马常常是皮包骨头、瘦弱不堪，那一生奔波的劳作者常常是缺吃少穿、贫困不堪。与其他北朝民歌不同的是，这首《幽州

▼图为衢州乐府。乐府是古代音乐机关，是秦代以来朝廷设立的管理音乐的官署

马客吟歌辞》没有墨守成规，并非平常的先比后赋，诗以马开篇入笔，吟诵了两种司空见惯的社会生活现象。快马的“常瘦”，是因为它脚力强劲、能干，是公认的好马，就得出大力、流大汗、任人使唤，为人人乐用，它须终生劳作。“剿儿”的“常贫”是因为它出身低微，受人奴役，被人欺压，须终年劳累，岁岁贫困。作者意识到社会现实的严酷，发为歌辞，语似平淡，提出了“好饲料能肥瘦马，有钱才能体面活着”的阅历之谈，以马喻人，抒发了社会底层人士对不平现实的愤懑。

▲北朝彩绘骑马俑，展现了北方少数民族特有的文化精神

《幽州马客吟歌辞》为北朝乐府民歌篇名，是当时北方民族在马背上演奏的一种军乐，保存在宋代郭茂倩所编的《乐府诗集》中的《梁鼓角横吹曲》中，具有强烈的地域色彩。北朝乐府民歌是生活在北方的各族人民对其日常生活的真实反映。北方的自然地理、物色气候相应地也就成了民歌经常歌咏的对象，奔腾跳跃的骏马是抒发“游牧骑射”尚武风尚的文化原型。

郭茂倩《乐府诗集》之《梁鼓角横吹曲》中收录北朝乐府民歌 42 首，其中有多首直接写到马。“敕勒川，阴山下，天似穹庐，笼盖四野。天苍苍，野茫茫，风吹草低见牛羊。”（《敕勒歌》）这首大家耳熟能详的北朝民歌不仅描绘了北方辽阔草原的美丽风光，同时也展示了草原民族典型的游牧生活场景。《企喻歌辞》其二：“放马大泽中，草好马著膘。”一望无际的大泽水美草丰，花香袭人，大泽草好是骏马肥壮膘实的必要条件，草原得天独厚的自然条件，孕育着鲜卑人的希望。奔跑健壮的骏马，是“健儿”头等重要的战争工具。《折杨柳歌辞》第二首曰：“放马两泉泽，忘不著连羁。担鞍逐马走，何得见马骑。”放马于两泉泽中，希望马儿长得膘肥体壮，威武高大，道出对马之

▲北朝时期，虞弘墓石椁画

习性的熟知，以及驾驭马的高超技巧。《折杨柳歌辞》其五：“健儿须快马，快马须健儿。跸跋黄尘下，然后别雄雌。”写出了健儿快马的相互依存关系，正如俗语所谓“好马配好鞍，好女配好男”。后两句“跸跋黄尘下，然后别雄雌”，跟《木兰诗》中的最后两句“双兔傍地走，安能辨我是雄雌”如出一辙，英武豪迈之气扑面而来。《折杨柳枝歌》第一首：“上马不捉鞭，反拗杨柳枝。下马吹长笛，愁杀行客儿。”“马”成为诗人彷徨愁苦心绪的外在表现物。客人上马将要远行，迟迟未能扬鞭催马，却折下杨柳枝万般不舍；下马吹起长笛，呜咽哽塞，离愁别恨的情景跃然纸上。马不仅烘托出远行客情感的细微变化，更是远行客漫漫征途跟随其左右的唯一陪伴者，是其寂寞的见证者。因而，“马”强化了送别诗中凄凉悲苦的意蕴，与前述诗相比，虽然缺少了意气风发的激昂，但却平添许多低回与怅惘。

“善骑射”，以“弋猎禽兽为事”，好勇尚武的风气盛行，这样的生活方式与精神风貌注定与马结下不解之缘，雄姿英发的骏马最能诠释北方少数民族特有的民族精神与豪迈向上的民族情怀。北朝乐府民歌中吟唱的是来自鲜卑山脚下的马，它浑身散发着该民族特有的天马行空、质朴率真的文化气韵。以鲜卑族为代表的北方少数民族，以马为特有的民族风情标志物，马无时无刻不牵动着诗人敏感的神经。它刻写着现实的点滴变迁，传递着诗人内心深处的喜怒哀乐，是北朝文人乐府诗中最具鲜活性、灵动性的意象。

马可勇猛豪壮，暗喻勇士健儿；马可战功赫赫，意指荣华显赫；马可闲庭漫步，借言情怀闲适淡雅。随着马儿一路南下的步伐，游牧文化亦与中土文化逐渐交融。于是，北朝文人乐府诗中的马开始逐步成为北朝文人抒发人生梦想、表现士大夫情怀的抒情意象，文化意蕴变得丰富起来，成就了崭新的、内涵更为丰富的马文化意蕴。伴随着鲜卑族汉化进程的加剧，文学作品中的马文化原型书写开始弱化，从实用到虚化，其文学表述的轨迹，实与鲜卑族汉化过程一致。到了多元文化统一的唐代，民族融合已达到了很高的程度，马不仅得到社会的普遍认同，骑马也成为常见的出行方式。重要的是，在边

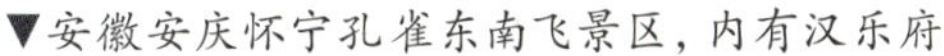
▼安徽安庆怀宁孔雀东南飞景区，内有汉乐府

▲莫高窟 296 窟商旅图，反映了马在日常生活中的作用

塞诗中，马的形象大放光彩，轻快豪迈、激情四射。由东北山麓到西北边塞，从表面上看，似是地域的因缘，西北边塞的广阔天地使马又重现它最纯粹、最本真的品性，然而更深层次的原因，实则是文化的融合与演变，鲜卑族勇敢坚毅、乐观向上的精神成就了唐代边塞诗，也成就了盛唐气象。

再读《幽州马客吟歌辞》，似乎能听到社会环境下底层人民的苦难和痛苦的呻吟，曲调充满了悲怆凄苦的感情基调。但是将“马”置身于北朝骑马弯弓射大雕的背景之中，置身于充满原始野性的浪漫与豪迈之中，依旧能感受到北朝民歌快人快语的直率与大方，以及流淌于其中的刚健爽朗的情感底色。这种独具地域特色的阳刚之气，是上继汉魏风骨下启盛唐气象的不可或缺的联系纽带，孕育出后世“骏马长鸣北风起”，“功名只向马上取”的梦想与人生期待。

太宗咏马启唐风

——唐李世民《咏饮马》

▼位于西安大唐西市的丝路风情大型雕塑，是大唐盛世的缩影

骏骨饮长泾，奔流洒络缨。

细纹连喷聚，乱荇绕蹄萦。

水光鞍上侧，马影溜中横。

翻似天池里，腾波龙种生。

河水自北向南缓缓流淌，骏马立在河边饮水，颈脖间的装饰顺着水流轻轻摆动。一呼一吸间，荡起的水波聚聚散散，水草阴柔浮动，在马蹄间萦绕。明亮的马鞍上印出粼粼水波光，倒影在水中若隐若现。骏马时而奋

蹄翻起波浪，那声势如蛟龙跃身浮出，矫健之姿令人惊叹。

这匹饮水的骏马静若画卷，动若龙生。诗人观察入微，通过对马的神态、动作、装饰及精神风貌的生动刻画，勾勒出一幅动静有声的画面。诗作者为唐太宗李世民，初建秦邸，即开文学馆，“召名儒十八人为学士，与议天下事。既即位，殿左置弘文馆，悉引内学士番宿更休，听朝之间，则与讨论古今……或日昃夜艾，未尝少怠。……”（《新唐书·儒学传》）“有唐三百年风雅之盛，帝实有以启之焉”，他挟帝王之威，扭转齐梁文风，其审美取向拓展着唐诗创作的视野，开辟了一代文学盛世。

身为帝王，唐太宗在血与火的磨砺之中，言志抒情，诗作具有高迈的情怀，以气势取胜。正如赵克尧、许道勋在《唐太宗传》指出：“作为政治家的唐太宗，他的作品具有显著的政治色彩，故他的文艺观明显地反映了文以载道与文以载德的特点。”唐太宗咏物之作虽留有齐梁之痕，但在反对吟风弄月方面已迈开了坚实的一步。他尝试将个人的情感融入写景咏物之中，使写景咏物之作具有了一定的思想内容，在尚质的前提下不反对文饰。为此，唐太宗执政时期出现了“上官体”，其“六对”“八对”之说为迎接唐格律诗时代的到来，奠定了坚实的基础，对初唐诗坛产生了重要影响。

初唐时，国力逐步恢复，边境尚不安宁，整个社会生机勃勃，充满了上升的力量。唐太宗重建功立业，在《咏饮马》中将饮马誉为神龙，饮水激昂之时翻身跃起，如龙腾之势。唐太宗爱马，他曾为其坐骑树碑立传。他亲自撰写《六马图赞》，赞美在立国战争中他先后乘骑过的六匹骏马。为铭记并宣传它们的功劳，他还特命工匠制作了六块石屏式浮雕，由大书法家欧

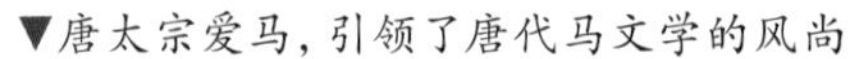
▼唐太宗爱马，引领了唐代马文学的风尚

阳询书写其颂词，刻于昭陵北阙下。他还下令大张旗鼓地到西域诸国去买马，以至于引起魏徵多次上书劝阻，《谏遣使市马疏》《十渐疏》均是针对唐太宗好马求马而著，可见唐太宗对骏马的偏爱。

▲翼马亦称“天马”或“瑞兽”，是最高统治者封建权威的象征。图为甘肃敦煌佛爷庙翼马砖画像

在唐太宗感召之下，文人侠士们将强烈的建功立业之愿寄托于骏马。初唐四杰之一的卢照邻在《紫骝马》中写道：“骝马照金鞍，转战入皋兰。塞门风稍急，长城水正寒。雪暗鸣珂重，山长喷玉难。不辞横绝漠，流血几时干。”边关风急，长城水寒，雪山重阻，山长路远，但即使如此艰苦环境下，紫骝马依然不辞辛苦转战皋兰，所有的恶劣之境都是为了衬托骏马之神骏与雄健。“流血几时干”，更显示出马艰苦卓绝的品节。写马实为写人，在这里人马合一，马的神骏就是诗人的坚毅。再如，杨炯笔下的《紫骝马》则一日千里，潇洒奔腾在“南海”与“北州”之间，以显速度之快：“发迹来南海，长鸣向北州。匈奴今未灭，画地取封侯。”从南海到北州，紫骝色天马奔腾嘶鸣，面对强敌勇往直前，充分显示了紫骝马的雄健与勇猛。

盛世天子唐玄宗李隆基深受唐太宗影响，他也“好大马，御厩至四十万”，命韩幹对“玉花骢”“照夜白”等一些名马“图其骏”，培育出一大批善于画马的画家。上有所好，下必有所效。唐代养马乘骑之风盛及整个社会，以至于唐玄宗时期流传着“生男不用识文字，斗鸡走马胜读书”的民谣，从达官贵戚到市井百姓，都好马赏马。

唐代社会养马、纵马风气促进了咏马诗的繁荣。据统计，专门咏马的诗就有150多首，质量上乘，空前绝后，经历了发展、繁荣、鼎盛、衰微的过程。

▲河南洛阳唐釉陶骑马俑

初唐咏马诗处于发展阶段，多以遣兴为主，表现诗人高尚的气质与节操，抒发对人生理想的期待，多注重于马的外形、神态的描写，马的风骨与诗人的才华、气质、节操等相契合，共同展现着诗人顽强的生命力。

进入盛唐时期，咏马诗呈现出繁荣局面，多将马的形态、神态与诗人自身的情感融合起来。诗人以马自比，意气风发，充满豪情壮志，迫切希望建立功勋，驰骋千里，多用“骐骥”“宝马”“骏马”“千里马”来表现自己蓬勃向上的豪迈情感。“诗圣”杜甫的十余首咏马诗，首首不同，表现其不同人生阶段的不同境遇，可谓咏马巨匠；李白、高适、岑参等诗人所作咏马诗，颇具深意，“马”意象展现了他们渴望建立功勋的人生期待。

中唐时期，社会由盛转衰，诗人们面临人生窘迫、仕途坎坷，为此多用马来表现怀才不遇、步履维艰的悲愤情感，多用“瘦马”“病马”“老马”“疲马”等意象置换了良马形象。整体上，诗人们是借咏马以抒发自己内心的悲愤不平，以衰颓和哀伤替代了盛唐之气。虽然在形式上也刚劲有力，却缺少了盛唐时代的丰朗气度和饱满精神，表现出诗人的失落困窘、凄苦衰败情结。

晚唐的咏马诗，与唐朝社会一样，急剧走向衰微，诗人们悲苦不堪的不幸遭遇和悲剧命运成为创作咏马诗的思想基础。他们依托“马”诗发出批判社会不公的怒吼，抒发文人群体普遍的愁苦之情，展示出时代的悲凉。

唐代作为诗歌艺术的顶峰时期，咏马诗同样达到了全盛。在唐太宗咏马之风的开辟下，“马”这一具有灵气且悉通人性的动物，蕴含着浓郁的时代特征。每一时期的咏马诗都带有时代特征，或慷慨激昂，或低沉消逝，既反映了不同的社会情况，寄托着诗人的情感，又成为文人自我形象的写照。

惟妙惟肖六骏赞

——唐李世民《六马图赞》

拳毛騧：黄马黑喙，平刘黑闼时乘。前中六箭，背二箭。赞曰：月精按辔，天驷横行。弧矢载戢，氛埃廓清。（其一）

什伐赤：纯赤色，平世充建德时乘。前中四箭，背中一箭。赞曰：瀍涧未静，斧钺伸威。朱汗骋足，青旌凯归。（其二）

白蹄乌：纯黑色，四蹄俱白，平薛仁杲时所乘。赞曰：倚天长剑，追风骏

▼六骏是李世民在唐朝建立前先后骑过的战马，图为昭陵六骏

文学卷

▲唐代昭陵六骏雕塑之一

足。耸辔平陇，回鞍定蜀。（其三）

特勒骠：黄白色，喙微黑色，平宋金刚时所乘。赞曰：应策腾空，承声半汉。入险摧敌，乘危济难。（其四）

飒露紫：紫燕骝，平东都时所乘。前中一箭。赞曰：紫燕超跃，骨腾神骏，气詟山川，威凌八阵。（其五）

青骓：苍白杂色，平窦建德时所乘。前中五箭。赞曰：足轻电影，神发天机。策兹飞练，定我戎衣。（其六）

——《六马图赞》

《全唐文》中以动物为对象的题画作品共有16篇，题画马图的作品最多，总数为7篇。这些题马画的文学作品中，最能体现初唐建功立业、锐意进取之气象的当属唐太宗《六马图赞》。

拳毛䯄、什伐赤、白蹄乌、特勒骠、飒露紫、青骓六马伴随秦王平刘黑闼、平世充建德、平薛仁杲、平宋金刚、平东都、平窦建德，助太宗之凯旋，立下累累战功。

拳毛䯄，是一匹毛做旋转状的黑嘴黄马，是李世民与刘黑闼作战时的坐骑。公元622年，李世民率领唐军与刘黑闼在今河北曲周一带作战。唐军先阻塞洺水（即漳河）上游，然后诱刘黑闼渡河决战。正当刘军主力渡河时，唐军从上游决坝。唐军趁机掩杀，夺得胜利，唐王朝统一中国的大业宣告完成。为突出这场战斗的激烈，唐太宗昭陵北麓祭坛两侧庑廊的“六骏”浮雕石刻上，拳毛䯄身中8箭，唐太宗赞赏其勇猛，称赞道：“月精按辔，天驷横行。弧矢载戢，氛埃廓清。”

什伐赤是一匹来自波斯的红马，“什伐”为波斯语“马”的音译，是李世民在洛阳、虎牢关与王世充、窦建德作战时的坐骑。“昭陵六骏”上骏马凌空飞奔，臀部身中五箭，其中一箭从后面射来，可见其冲锋陷阵中的英勇。这场战争中李世民出生入死，伤亡三匹战马，基本完成统一大业。在赞词中，“青旌凯归”流露出他的兴奋与喜悦。

白蹄乌是一匹四蹄为白的纯黑色战马，是李世民与薛仁杲作战时的坐骑。公元618年，唐军初战占关中，立足不稳。割据兰州、天水一带的薛举、薛仁杲父子便大举进攻，与唐军争夺关中。相峙两月之后，李世民看准战机，以少量兵力正面牵制诱敌，亲率主力直捣敌后，使薛军阵容大乱溃退。李世民乘胜追击，催动白蹄乌身先士卒，衔尾猛追，一昼夜奔驰200

▼《骑马出行图》。陕西三原县李寿墓东壁出土，唐太宗贞观年间壁画

文学卷

余里，迫使薛仁杲投降。“昭陵六骏”中，将白蹄乌刻作昂首怒目，四蹄腾空，鬃鬣迎风，依稀能感受到当年在黄土高原上逐风奔驰之状。唐太宗赞其：“倚天长剑，追风骏足。耸辔平陇，回鞍定蜀。”

特勒骠毛色黄里透白，“特勒”为突厥族的官职名称，可能是突厥族某特勒所赠。李世民在公元619年乘此马与宋金刚作战，冲锋陷阵，一昼夜接战数十回合，连打了八个硬仗，建立了功绩。唐太宗赞其：“应策腾空，承声半汉。入险摧敌，乘危济难。”

飒露紫为一匹纯紫色的战马，“昭陵六骏”的刻画中，它前胸中箭，丘行恭在一旁牵马拔箭。公元621年，唐军与王世充在洛阳决战，年轻气盛的李世民杀得性起，与后方失去联系，被敌人团团包围。酣战间，“飒露紫”胸前中箭，在这危急关头，幸好丘行恭赶来营救。他把坐骑让与李世民，自己一手牵着飒露紫，一手持刀呼喊砍杀，保护李世民突出重围。唐太宗赞其：“紫燕超跃，骨腾神骏。气詟山川，威凌八阵。”

青骓为苍白色战马，是李世民与窦建德作战时的坐骑。当时，唐军扼守虎牢关，占据有利地形。李世民趁敌方列阵已久，饥饿疲倦之机，下令全面反攻，亲率劲骑，突入敌阵，一举擒获窦建德。“昭陵六骏”中的青骓做奔驰状，身中五箭，均在冲锋时被迎面射中，但多射在马身后部，由此可见骏马飞奔的速度之快。唐太宗称赞其：“足轻电影，神发天机。策兹飞练，定我戎衣。”前三句形容马

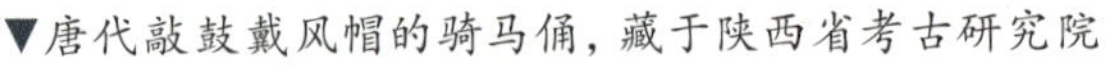
▼唐代敲鼓戴风帽的骑马俑，藏于陕西省考古研究院

之矫捷轻快，后一句道出这一战役的关键性意义。

有唐一代，爱马之风尤盛。唐太宗李世民酷爱骏马，他的《饮马长城窟行》一诗言“塞外悲风切，交河冰已结。瀚海百重波，阴山千里雪。迥戍危烽火，层峦引高节。悠悠卷旆旌，饮马出长城”，充满了英雄气概。在唐太宗眼里，马不仅是国力的体现，是国防的重要武备，还见证了他辅佐其父平定四海、南征北战的生涯。

因为唐太宗拥有一支精锐的骑兵部队，骑兵选用的战马多来自于西北的游牧地区，所以他能屡战屡胜。《旧唐书·北狄传》：“骨利干北距大海，去京师最远，自古未通中国。贞观中遣使来朝贡……俄又遣使随苏密使入朝，献良马十匹。太宗奇其骏异，为之制名。号为十骥：一曰腾霜白，二曰皎雪骢，三曰凝露骢，四曰悬光骢，五曰决波騟，六曰飞霞骠，七曰发电赤，八曰流金骟，九曰翱麟紫，十曰奔虹赤。”骨利干，敕勒部落之一，居安加拉河至贝加尔湖以南，世代出产骏马。唐太宗亲自为马逐一起名，足见他对马的重视。

“十骥”之外，唐太宗最著名的战马就是“昭陵六骏”。贞观十一年(637年)，唐太宗命令把他征战所骑的六匹战马雕刻在昭陵以纪功。由著名画家阎立本画图起样，良匠用六块青石板刻成高浮雕，“六骏”分两列，东西相对地放置在唐太宗陵前，马头均朝向南边的陵寝。从南向北，西侧依次是“飒露紫”“拳毛骟”“白蹄乌”，东侧依次是“特勒骠”“青骓”“什伐赤”。

唐太宗亲作《六马图赞》，由欧阳询书写，以表达对“六骏”的怀念之情。唐太宗的图赞以精练的语言评价了自己所乘战马的特点。“六骏”均为“马之良才”，由西域波斯马种群中精选而来；“六骏”刚毅神俊，骁勇善战，出生入死，临危不惧，像六位屡经沙场、屡建奇功的战斗英雄，象征了唐太宗一生所经历的最主要的六大战役。从唐太宗之《六马图赞》可窥其对马的审美追求。一是外形俊朗。如“骨腾神骏气詟山川，威凌八阵”，飒露紫为紫燕马，雄健之生气令山川惧怕，威武之雄姿令敌军战栗。二是追风之速。“紫燕超跃”即飒露紫轻健飞奔、灵巧如燕，“足轻电影，神发天机”即青骓矫捷轻快、疾若闪电。三是作战勇猛、建立战功。如“朱汗骋足，青旌凯归”，什伐赤英勇作战，敌军投降，秦王凯旋；“入险摧敌，乘危济难”，特勒骠在战斗中深入险情，助秦王摧灭敌军，渡过危难；“弧矢载戢，氛埃廓清”，拳毛䯄助李世民平定战乱；“耸辔平陇，回鞍定蜀”白蹄乌助秦王灭薛仁杲；“定我戎衣”青骓助秦王打胜关键性战役。

《六马图赞》虽为题画赞文，却是对“昭陵六骏”的文学化描述与补充，带领后人回到那个剑戟林立、矢飞如雨的古战场，描绘了沙场驰骋的英雄时代。晚唐李商隐《复京》的“天教李令心如日，可要昭陵石马来”，韦庄《闻再幸梁洋》的“兴庆玉龙寒自跃，昭陵石马夜空嘶”，对“六骏”及其所反映的时代精神表达了无限的追怀之情。李贺《马诗二十三首》其十六赞美“拳毛䯄”：“唐剑斩隋公，卷毛属太宗。莫嫌金甲重，且去捉飙风。”苏轼有五言古诗咏赞“昭陵六骏”应时而生：“天将铲隋乱，帝遣六龙来。森然风云姿，飒爽毛骨开。”赞美了唐太宗叱咤风云、所向披靡的英雄气概。

莫将翠娥酬騄駬

——唐法宣《爱妾换马》

朱鬣饰金镳，红妆束素腰。似云来躞蹀，如雪去飘飖。桃花含浅汗，柳叶带馀娇。骋光将独立，双绝不俱标。

朱色的马鬣随风飘舞，金色的装饰熠熠生辉。秀美的女子身着盛装，面容娇美，眉眼细柔，走起路来步态婀娜多姿，摇曳生辉。骏马与美女均为世间尤物，却不能并得。该诗文辞华美精练，讲究韵律对仗，对美女、骏马进行交互式的描写，互相映衬，极尽渲染，结句"双绝不俱标"颇为警策有力，规谏不可过于贪图奢华的物质享受。

▼唐代彩绘泥塑鸟髻妇女像，再现了千年前的女子彩妆"秀"

爱妾换马是中国文学史上重要的典故，最早见于唐代李亢《独异志》："后魏曹彰，性倜傥。偶逢骏马，爱之，其主所惜也。彰曰：'余有美妾可换，唯君所选。'马主因指一妓，彰遂换之。马号曰白鹘，后因猎，献于文帝。"即曹彰看上了一

▲伊犁马，人们心目中的天马

匹名为白鹘的骏马，为了将其纳为己有，竟任马的主人随意挑选自己的爱妾。《乐府诗集》有梁简文帝《爱妾换马》辞，引《乐府解题》曰："《爱妾换马》，旧说淮南王所作，疑淮南王即刘安也。""古辞今不传。"说明曹彰并非第一个有此"豪壮之举"的人，早至西汉甚至更早，爱妾换马就已出现。

法宣为隋末唐初江南常州弘业寺的僧人，虽未在其《爱妾换马》诗中直接苛责"爱妾换马"文化现象之后的道德问题，但是在结句"双绝不俱标"，已清晰地表明了自己反对此举的观点。细观西汉至唐的文学作品，文人们对此似乎并未过于驳斥与拒绝，反而有推崇之意。此创作母题在作品中反复出现，仅《乐府诗集》就有《爱妾换马》诗多首，梁代的萧纲、刘孝威、庾肩吾都曾以此为题作诗，发展至唐代，文人们对于其热情有增无减。

检索《全唐诗》，有4首同题诗歌，还有8首诗歌的内容使用了"爱妾换马"的典故，其中不乏李白、白居易、刘禹锡等著名诗人，唐传奇中也多有此类题材。宋元明清时期，"爱妾换马"依然是文人的一个关注热点，苏轼不仅书写了"骏马换倾城"的古诗，还在冯梦龙编的《情史类略》中被牵扯进了"春娘换马”事件之中，被编排了以爱妾春娘换马的风流韵事。这种漫无边际的抬高马匹地位、严重侵犯女性人权和尊严的文化题材，并没有因其在道德上的缺失遭到批驳，反而愈演愈烈。

在封建社会，马匹有着极高的军事价值和文化地位，这一点与女性尤其是小妾的地位低下产生鲜明对比。僧人法宣将骏马与美妾一视同仁，均等同于奢靡的物质享受。文人骚客的价值观中，不认为“爱妾换马”可耻可悲，反而认为是令人羡慕值得传诵的美事一桩。他们在极力捧高马匹地位的时候，产生了集体的道德无意识。即使践踏着他人的尊严，也要满足自己对良马的追求，这种文化现象反映了唐代优秀马匹资源的稀缺。(周建朋、仇春霞在《相马术和西域马对唐代鞍马美术风格的影响》一文中说：“唐代好马一般都属于有产阶级和贵族阶级。之所以分开，是因为前者可能是无门荫特权的商人或有军功的军人，后者是有门荫特权的名门望族。他们对名马的喜爱超过了任何一个朝代。”唐朝规定工商、僧道、贱民不能骑马，但唐朝从事工商业的人大部分是来自西域的胡人。他们虽然没有贵族的身份，但是物质富裕，其中更有一部分本来就从事贩卖西域良马的行当，既有骑马的风俗，也有实力买好马。因此，规定非但没有起到禁止的作用，还引起了人们更大的兴趣，因为这种官方规定，使得骑良马的身份认同感前所未有地增强了。中唐宰相裴度言“满城驰逐皆求马”，文学作品反映当时人们对良马的热切向往，是对现实文化的文学化表述。

▼图为唐代彩绘侍女俑，西安大唐西市博物馆藏

唐人重武轻文，“爱妾”作为重要的文化符号载体被用以践行当时文人重武轻色的价值取向。骏马在

众多涉及“爱妾换马”典故的诗歌中，都包含有舍弃儿女之情，保家卫国、拼搏一生的审美倾向。明蒋一葵《尧山堂外纪·裴度》载有白乐天向裴度求马逸事，曰：“白乐天求马于裴令公，公赠以马，因戏云：‘君若有心求逸足，我还留意在名姝。’引妾换马之事。乐天答曰：‘安石风流无奈何，欲将赤骥换新娥。不辞便送东山去，临老何人与唱歌。’”刘禹锡也作《裴令公见示诮乐天寄奴买马绝句斐言仰和且戏》曰：“若把翠娥酬騄駬，始知天下有奇才。”翠娥即美女，“騄駬”为周穆王八骏之一。这些诗作均体现出“爱妾换马”除了被看作文人的风流公案以外，还有其积极的象征意义。

文人雅士尽可散千金求一马，这类故事不在少数，但是突出“换”字，体现了浓厚的人文情感。因为“换”，会有一种鱼和熊掌无法兼得、舍此才能得彼的缺憾感，增强了这个文化现象在士人心中的“美感”，使他们宁可践踏女性尊严也要反复歌咏这种丧失道德的“风流韵事”，由此催生了历朝历代文人将其作为文学创作中的高频题材。

法宣为僧人，在其《爱妾换马》诗中，对美女骏马进行交互式描述，肯定了马在当时的人文地位，并未提及对女性尊严的严重践踏，只是规谏达官贵人不可过于贪图奢华的物质享受，具有一定的时代局限性。

至今犹唱天马歌

——唐李白《天马歌》

天马来出月支窟，背为虎文龙翼骨。

嘶青云，振绿发，兰筋权奇走灭没。

腾昆仑，历西极，四足无一蹶。

鸡鸣刷燕晡秣越，神行电迈蹑慌惚。

天马呼，飞龙趋，目明长庚臆双凫。

▼武威凉州词陈列馆塑西域舞蜡像，再现了唐代上层社会的生活情景，体现了东西文化的交流

尾如流星首渴乌，
口喷红光汗沟朱。
曾陪时龙蹑天衢，
羁金络月照皇都。
逸气棱棱凌九区，
白璧如山谁敢沽。
回头笑紫燕，但觉
尔辈愚。
天马奔，恋君轩，
駷跃惊矫浮云翻。
万里足踯躅，遥瞻
阊阖门。
不逢寒风子，谁采
逸景孙。
白云在青天，丘陵远崔嵬。
盐车上峻坂，倒行逆施畏日晚。
伯乐翦拂中道遗，少尽其力老弃之。
愿逢田子方，恻然为我悲。
虽有玉山禾，不能疗苦饥。
严霜五月凋桂枝，伏枥衔冤摧两眉。
请君赎献穆天子，犹堪弄影舞瑶池。

▲李白常以天马自况

天马并非产于中土，它来自于月支窟，其脊背上的毛色如同虎纹般漂亮，骨如龙翼般坚韧有力。天马仰天而嘶，声震青云，摇动着的鬃毛明亮耀眼，双目之上兰筋突起，颧骨奇异，飞奔起来霎时间就不见了踪影。它腾迈昆仑，飞越西极，四蹄生风，无一闪失。为了突出天马的神速，诗人运用了夸张的手法。言晨起鸡鸣时，天马还在北方的燕地刷洗鬃毛，申时就已经奔驰到南方的越地，在那里安详地吃草了，奔走的速度如电闪流星，一闪即过。诗人用夸张的语句描写天马的神异，实则喻自己的卓越才能。

得意时，天马仰头呼啸，扬蹄飞奔，如飞龙一般。它目如明星，膀如双凫，扫尾迅似流星，昂头犹如乌鹰，口喷红光，膊出汗血，骏健异常。曾与天子御厩中的龙马一起在长安的大道上并驾齐驱，逸然自得，威风凛凛。它羁金络月，光照皇都，声传九州。一时间，它身价倍增，即使是白璧如山，也难抵其值。那些曾经名贵一时的骏骥紫燕在天马的对比下，英姿全无。通过对天马的出神描述，诗人暗喻自己天宝初年所受的恩宠与当年的身价。只是如今的天马，虽然依旧顾恋天子的车驾，依然能驰骋万望，却适望天门，不得而进。

接着，诗人描述了天马被丢弃冷落的情状。虽然依恋君王的车驾，却得不到君王的爱怜，只好腾跃惊矫，四方奔驰，如浮云般飘荡万里。回首遥望天门，再也逢遇不到像寒风子那样的识马之人，会用它这匹周穆王千里马“逸景”的后代。此时天马的遭遇与李白被逐出长安后的情况，何其相似。

晚年的天马拉着盐车，仰望青天，天上的白云悠闲自在地飘荡开来，自

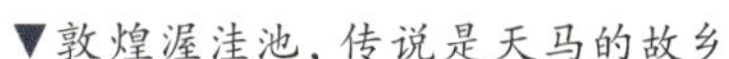
▼敦煌渥洼池，传说是天马的故乡

己却忍辱负重，向着陡峭的山坂攀登。抬头看，前面的丘陵连绵，道路遥远没有尽头。红日西坠，天色渐晚。想起古时伯乐曾抚摸着蹄折胫断的骏马，哀伤它少尽其力，老了而被弃。这匹遭难的天马，正象征着李白晚年因永王事件而遭难的悲惨处境。

得遇田子方这样的仁人，是天马一生的希冀。战国时的田子方在路上遇见人赶一匹老马，得知这匹老马因无用要被主人拉去卖掉，田子方说："少尽其力而老去其身，仁者不为也。"遂掏钱买下这匹老马。天马的遭遇，如五月的严霜摧凋了桂枝。天马伏枥含冤无草可食，有着无限的冤屈与不平。它希望得遇田子方这样的识才仁人，将自己献予穆天子，虽老不能驾车奔驰，但是也能在瑶池上作一匹弄影的舞马啊。李白用战国时邹衍"严霜五月"的故事隐喻自己遭遇流放的委屈，他希望能获遇田子方等仁人的理解与帮助，感慨若不被理解和同情，其实就是有昆仑山上的琼草玉禾，也不能疗救自己的痛苦。如不能得以重用，他愿意做一名宫廷文官侍臣，为国家朝廷献出绵薄之力。

此诗以天马自况。先写其早年精力弥满得意飞扬之状，次写其年齿衰老遭人遗弃的苦况，重点尤在后者。末二句求人汲引，已不复当年气概，显系暮年穷途低颜之辞，但仍希望"初夏，还至江夏，以为天地再新，复有用世之意"。该诗形象鲜明，感情激扬，气势豪放，笔法跌宕多姿，绵密工巧，独具匠心。"鸡鸣刷燕晡秣越，神行电迈蹑慌惚"，"尾如流星首渴乌，口喷红光汗沟朱"，"羁金络月照皇都"，"騋跃惊矫浮云翻"等诗句，描绘了天马行空，独往独来，奔驰腾跃的雄伟气势，以及光彩照人、呼之欲出的壮美形象。浪漫主义的诗人想象丰富奇特，出奇制胜，巧夺天工。"白云在青天，丘陵远崔嵬"，"盐车上峻坂，倒行逆

▼李白墨迹"觉路"

奔腾的骏马

施畏日晚”，“严霜五月凋桂枝，伏枥衔冤摧两眉”等诗句，展示出另一种境界：辽阔的荒野，连绵起伏的山峦，陡峭的山坡；或者严霜打树，马厩严寒，形影相吊，表现出艰难的步履、惶惊的神情、蛰居的焦虑、凄凉的环境，读之令人回肠荡气，心情难以平静。诗人运用自己丰富的想象，奇特的夸张，精当的比喻，形象的拟人等修辞手法，将神话传说、典故逸闻融为一体，将天马赋予诗人的情感气质，呈现出飞动的灵魂和瑰玮的姿态。诗歌画面多变，时而地下，时而天上，波澜壮阔，或惊险万状，痛快淋漓；或低沉哀婉，缠绵悱恻，充满了变幻莫测的浪漫主义色彩。

中国文人多有“汗血宝马”情结，在史籍、传说中，“汗血马”都是能为人们带来美感和联想的生灵。在崇尚武力的汉唐时期，马作为战争的利器，在文学作品中多有体现。李白之前，天马诗多简短单薄，如汉武帝的《西极天马歌》仅七言四句；《汉郊祀歌》中写天马的歌，三言简短。李白对乐府有所发展，用了不少散文化诗句，其《天马歌》字数从三言、五言到七言，参差错落，并吸收、提炼古人语言，突破了过去一韵到底的程式，几换韵脚，极尽其变化之能事，深化完善了汉武帝的《西极天马之歌》，形成与诗人性格相似的奔放语言。

文学作品是社会文化的真实写照。汉唐盛世，天马纵横。唐代养马业在汉代之后更加兴盛，唐人重视并利用西域良种马改良并繁殖马群，使唐马“既杂胡种，马乃益壮”。在唐代文学意象中，天马几乎成了精神图腾。《全唐诗》中仅咏马诗就有120余首，分散在其他诗篇中的骏马意象更频繁。综观唐代马意象，初唐时期的天马神骏而雄健，充满了开天辟地的豪气；盛唐时代的天马则飘逸浪漫，充满了盛世的慷慨豪迈；晚唐诗人笔下的马则饱含了忧患意识但风骨凛凛，充满了担当意识。

西域往事如浮云，至今犹唱《天马歌》。

歌舞升平蹀马跃

——唐张说《舞马千秋万岁乐府词》

金天诞圣千秋节，玉醴还分万寿觞。
试听紫骝歌乐府，何如騄骥舞华冈。
连骞势出鱼龙变，蹀躞骄生鸟兽行。
岁岁相传指树日，翩翩来伴庆云翔。

▼外国使节进贡场景

▲江西岳阳楼内的唐代文学家张说画像

圣王至德与天齐，天马来仪自海西。

腕足齐行拜两膝，繁骄不进蹈千蹄。

髤髵奋鬣时蹲踏，鼓怒骧身忽上跻。

更有衔杯终宴曲，垂头掉尾醉如泥。

远听明君爱逸才，玉鞭金翅引龙媒。

不因兹白人间有，定是飞黄天上来。

影弄日华相照耀，喷含云色且徘徊。

莫言阙下桃花舞，别有河中兰叶开。

“千秋节”始设于唐开元十七年（729 年）八月初五日，为唐玄宗的生日。唐玄宗有《千秋节宴》诗自述其盛：“兰殿千秋节，称名万寿觞……”每到“千秋节”，必有舞马祝寿，用以招待贵戚、王侯及各国使节。

那一日，群臣纷纷向唐玄宗进酒，来自西域的骏马会随着欢乐的乐曲起舞，像鱼跃龙腾，似鸟飞兽奔，舞姿绰约，无论搔首还是弄姿，皆中节奏。被训练过的舞马会表演跪拜礼，鬃毛竖立起来，表舞蹲踏的姿态，纵横跳跃，技艺高超。也有舞马屈膝衔杯，劝客畅饮，一直喝到宴会终了，垂着脑袋，甩着尾巴，烂醉如泥。

《舞马千秋万岁乐府词》共有三首。其中第一首叙述了千秋节时，为唐玄宗宴请祝寿的祥和氛围；第二首生动描写了舞马表演的盛大场面；第三首则进一步借舞马夸耀了盛唐气象。诗人用华丽的辞藻，对宴会豪华、舞马精彩、乐曲欢乐作了详细渲染。“圣王至德与天齐，天马来仪自海西”“远听明君爱逸才，玉鞭金翅引龙媒”盛赞了唐玄宗的明德与唐朝的盛世气象，“鬃鬣奋鬣时蹲踏，鼓怒骧身忽上跻”表现舞马气势磅礴、矫健曼妙的舞姿。曲终时，舞马衔杯祝寿的动作也被张说以“更有衔杯终宴曲，垂头掉尾醉如泥”的句子描绘得神形兼具，生动有趣。

在张说笔下，乃至盛唐时期多数人心中的舞马，多为矫健、雄壮的正面形象，是用以宣扬皇家圣德的天马，与弘扬唐朝盛世密切相关。张说写作这首《舞马千秋万岁乐府词》时，正值开元十八年（730 年），当时唐朝政局稳定、经济繁荣、文化昌盛，是唐朝的极盛时期，国力的富强为舞马活动的发展提供了肥沃的土壤。张说身为宰相，在天子的祝寿盛宴上亲见舞马盛会，应制而诗，曾作《舞马词》六首，记录了舞马的场面。在《舞马千秋万岁乐府词》中，张说再写舞马，以纪盛世之“盛”，用舞马夸赞唐朝正当富强的繁荣景象，亦在情理之中。

《舞马千秋万岁乐府词》中，诗人用“天马”“龙媒”等赞誉，与唐玄宗对舞马的重视以及舞马活动自身的繁盛相关。据《明皇杂录》记载：“玄宗尝命

▼黑龙江玉髓马，中国地质博物馆藏

教舞马四百蹄，各为左右，分为部目，为某家宠，某家骄。时塞外亦有善马来贡者，上俾之教习，无不曲尽其妙。因命衣以文绣，络以金银，饰其鬃鬣，间杂珠玉。其曲谓之《倾杯乐》者，数十回奋首鼓尾，纵横应节。又施三层板床，乘马而上，旋转如飞。或命壮士举一榻，马舞于榻上，乐工数人立左右前后，皆衣淡黄衫，文玉带，必求少年而姿貌美秀者。每千秋节，命舞于勤政楼下。”此时的唐玄宗为培养舞马花尽心思，他不仅给每匹马取名，将舞马分为左右两部来训练，还给舞马披金戴银，用《倾杯乐》为舞马的表演伴奏。更甚时，设置三层木板或床榻，让舞马越过木板旋转如飞或干脆舞于榻上。这样精彩绝伦的表演，很难不让人将舞马比作天马，以此来弘扬盛唐的繁荣气象。

参加过无数次宫廷华筵的薛曜，在《舞马篇》中极尽才情、咏赞舞马速度惊人，奔驰迅疾；身披彩衣，装饰华美。舞马随着鼓点起舞，如跳丸弄剑一样让人眼花缭乱。忽而小跑，忽而伫立不动；光彩耀目，气象非凡。

然而，无论诗人们笔下描述的舞马盛会多么精彩绝伦、无可比拟，其词中的舞马形象多么健美可爱，可惜谁也不曾预想到，歌舞升平的盛世背后，隐藏着深层的危机。

公元755年，安史之乱爆发。次年唐玄宗逃离长安，舞马流落民间。安禄山将舞马“自是因以数匹置于范阳”，后转为其部将田承嗣所有。可悲的是，田承嗣不识马，将舞马与战马混为一谈，共同饲养。据说，某日“军中享士，乐作，马舞不能已。厮养皆谓其为妖，拥彗以击之。马谓其舞不中节，抑扬顿挫，犹存故态。厩吏遽以马怪白承嗣，命棰之甚酷。马舞甚整，而鞭挞愈加，竟毙于枥下。时人亦有知其舞马者，惧暴而终不敢言。”可怜这些极具灵性的舞马，闻乐起舞，却被不懂舞马之人惊怪为妖，曾经的天子宠物，竟活活惨死在无知者的鞭笞之下。自此，天下舞马所剩无几，天宝年间舞马初“尽入洛阳”，后“复散于河北”。曾经的舞马盛况几乎消失殆尽，和曾经辉煌的“开元盛世”一起，终成一段只可追忆的往事。

安史之乱期间，杜甫曾作一首《斗鸡》，言“舞马既登床”，讲述了唐玄宗酷爱舞马活动，让舞马登上床榻起舞表演的史实，讽刺了唐玄宗执政后期无所作为、骄奢淫逸的生活。此时的舞马，不再是宣扬皇家圣德的天马形象，

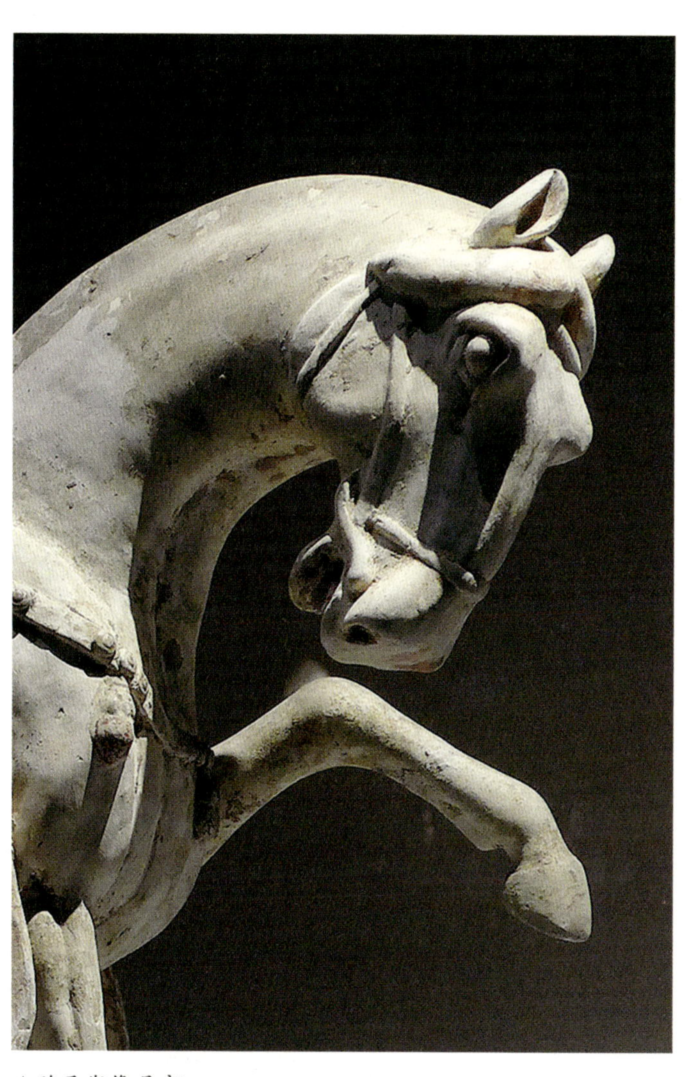
▲骏马塑像局部

而是烙上了一层讽刺意味、成为骄纵亡国的祸马形象。生活于中晚唐时期的诗人陆龟蒙，作《开元杂题七首·舞马》，用“曲终似要君王宠，回望红楼不敢嘶”描写舞马卑躬屈膝、臣服取宠的可悲形象。宋代诗人徐积有感于天宝之乱和舞马的悲剧，作《舞马诗》，“绣榻尽容骐骥足，锦衣浑盖渥洼泥”。徐积虽借舞马表演指代唐玄宗贪图享乐的生活，但对舞马的描述并未流露出多少讽刺之意，也未把唐朝由盛而衰的原因归咎于舞马，而是直指唐玄宗执政后期自身的骄奢无为。

无论何种时期，舞马本无辜。它们是来自西域的血统纯正、精挑细选的骏马，高大清峻、擅长表演，有极好的音乐感受能力，素有“月窟龙孙”（陆龟蒙《舞马》）之美称。《太平御览》卷八百九十六《兽部八》载，“《凉州记》曰：吕光麟嘉五年（393 年），疏勒王献火浣布、善舞马”；《文献通考·乐考·夷部乐》载，大宛“其国多善马，马汗血，其先天马种。其马有肉角数寸，或解人语言，及知音乐，其舞与鼓节相应。观马如此，其乐可知矣”。舞马，又称蹀马，《文献通考》卷一百四十五：“今翔麟、凤苑厩有蹀马，俯仰腾跃，皆合

曲节，朝会用乐，则兼奏之。”因天性聪明而被训练成舞马供皇室享乐，跻身于杰出的乐师、歌手、优伶、百官以及各国使节之列，参与最富丽豪奢的盛会，得以一展自己的才艺，堪称“西域文化渗入中原娱乐文化的艺术化石”。然而，舞马无法决定自身的命运，只能与唐王朝一同兴衰。

灯火璀璨的夜幕下，健壮俊美的舞马身披彩衣，奔驰迅疾，如跳丸弄剑般随鼓点起舞。它盘桓摇摆，腾空跃起，溅得尘土飞扬。本是珍稀异常的汗血马，本该是驰骋于沙场的战马，却成了歌舞升平的道具；本为盛世祥瑞之物，却无奈替王权承担由盛而衰的恶果。

岁月流逝，“今之字舞，鞞拂犹存，无蹀马龙之戏”。

宝马奋迅如振血

——唐万楚《骢马》

金络青骢白玉鞍，长鞭紫陌野游盘。
朝驱东道尘恒灭，暮到河源日未阑。
汗血每随边地苦，蹄伤不惮陇阴寒。
君能一饮长城窟，为报天山行路难。

▼云游的风，牵着一匹骏马行走天宇，放下马鞍，放不下万马奔腾的酣畅淋漓

▲胡人出猎图。画面组织疏密适度、错落有致、动静结合，富有节奏感，鞍马造型尤为生动

这匹产自西域的名马，有着一身青白相间斑驳有致的毛色，装饰着金光闪闪的马络头，配以洁白玉石似的马鞍。主人骑着它，扬着长长的鞭子，在京郊的康庄大道上来回奔跑，气派十足。清晨，它奔驰在长安的大道上，扬起的尘土很快消散；傍晚，太阳尚未下山，它就已到达黄河的发源地。在长途跋涉之中，血色的汗珠从皮毛中渗出，受伤的马蹄不畏西北的严寒，即使奔赴长城内外，历经天山艰难险阻的古道，也是竭尽全力，在所不辞。

该诗四联相依，主次分明，重点突出。首联刻画了骢马的外在美，从毛色、装饰等细节突出骢马的气派，“金络”用以形容骏马的富贵与华丽，“青骢”强调其青白相间的色泽、毛色与品种，配上洁白如玉的马鞍，“金”“青”“白”，色彩的调配既富丽堂皇又柔和舒适，勾画出骢马华饰的高贵和扬厉矫健的雄姿，使马的形象更为鲜明生动。颔联用“朝”“暮”说明时间的短促，“东道”“河源”突出两地相距数千里，用以夸张空间的阔远，“尘恒灭”“日未阑”，表现骢马飞奔的敏捷、矫健与雄风。颈联中，“每随”“不惮”四字，表现了骢马艰苦卓绝、征战沙场、出生入死、为国捐躯的昂扬的战斗精神和百折不挠的坚强意志，并与颔联呼应，气势开宕豪迈，刻画了骢马的功业、品格与德性。尾联升华了主题，表达了主人对骢马的信任、勉励与期望，“能”“报”二字，充分表达了主人对马的信任。主人认为其定能为人驰骋，为国尽职，肩负起横行关塞、守边保疆的重任。“长城窟”为古乐府《饮马长城窟行》的简写，相传长城有泉窟，可以饮马。古辞原意为“征戍之客，至于长城而饮其马，妇人思念其勤劳，故作是曲也”。“行路难”，原属《乐府诗集·杂曲歌辞》，即“备言世路艰难及离别悲伤之意”，结句引用乐府古题，表现了诗人昂扬奋发的进取精神和立功边陲的宏伟抱负。

从马的华饰入题，延伸到马的才能、品质与德性，盛赞骢马为国建功立业而不怕艰苦、不惜伤残的精神。明是赞马，实为喻人，以表现诗人自己的胸襟和抱负。诗歌格调高亢，豪放旷达，体现了盛唐奋发昂扬、热情奔放的诗风。清沈德潜谓其《骢马》诗“几可追步老杜咏马诗”（《唐诗别裁集》）。

值得注意的是，诗中提到“汗血每随边地苦”，诗人笔下的骢马在辛劳奔波后，前肩髆处汗出如血。唐人王损之《汗血马赋》中对汗血马做了细致的铺叙及全面的评价，认为此马“异彼天马，生于远方，每流汗以津润，如成血以荧煌”，“骨腾肉飞，既挥红而沛艾；麟超龙翥，亦流汗以徜徉”，突出了汗血马“长鸣向日，蹀躞而色若渥丹；骧首临风，奋迅而光如振血”的红色主调辉耀下的英风壮彩。因此，汗血马成为古代良马的代表，当无疑议。

唐代文学中，对于汗血马的描述层出不穷，对其风采描绘和相关意气风

▼凉州词，唐代乐府常见的曲名，马背上弹奏的琵琶曲演绎出边塞军旅的生活

▲唐浮雕马纹砖，内蒙古呼和浩特市博物院藏

发的抒情，实际上往往连带着文人功业之志、豪侠情怀的渲染。胡直钧《获大宛马赋》："昔孝武寤善马，驾英才，穷贰师于海外，获汗血之龙媒。"杜甫《高都护骢马行》："五花散作云满身，万里方看汗流血。"卢照邻《紫骝马》："不辞横绝漠，流血几时干。"李贺《马诗二十三首》其二十二："汗血到王家，随鸾撼玉珂。少君骑海上，人见是青骡。"卢征《天骥呈材》："应知流赭汗，来自海西偏。"郑賁《天骥呈材》咏："喷勒金铃响，追风汗血生。"杜甫《沙苑行》："龙媒昔是渥洼生，汗血今称献于此。"乔知之《羸骏篇》："山川关塞十年征，汗血流离赴月营。"

咏叹汗血宝马以抒发豪情侠慨，是唐代抒情诗歌的"惯常思路"。汗血宝马的咏叹，是注目外域、试图把主体意识推展到人马相通互助的抒情模式。这是豪气奔涌的博大情怀在外射，其往往牵连着西北草原文化的风光，表现了唐人容受外来文化的开阔视野和胸襟。

骏马长鸣北风起

——唐岑参《卫节度赤骠马歌》

君家赤骠画不得，一团旋风桃花色。
红缨紫鞚珊瑚鞭，玉鞍锦鞯黄金勒。
请君鞲出看君骑，尾长窣地如红丝。
自矜诸马皆不及，却忆百金新买时。
香街紫陌凤城内，满城见者谁不爱。

▼唐代长安西市行肆模型，展现了唐代繁荣的社会生活

扬鞭骤急白汗流，弄影行骄碧蹄碎。
紫髯胡雏金剪刀，平明剪出三鬉高。
枥上看时独意气，众中牵出偏雄豪。
骑将猎向南山口，城南狐兔不复有。
草头一点疾如飞，却使苍鹰翻向后。
忆昨看君朝未央，鸣珂拥盖满路香。
始知边将真富贵，可怜人马相辉光。
男儿称意得如此，骏马长鸣北风起。
待君东去扫胡尘，为君一日行千里。

那赤骠骏马好似一团旋风桃花之色，骏马时而扬蹄飞奔汗流满身，时而姿影缓缓志气扬扬。胡人少年马夫手拿剪刀，将马鬃修剪成三瓣的样式，拴在槽头已是气概不凡，牵出马群更觉得骏马身姿雄豪，穿过京城的大街小巷，全城的人谁不赞赏？跨上骏马出猎终南山口，马蹄点过草梢迅疾如飞，空中苍鹰都无法超越，人马互相辉映该是多么威风！那日卫节度前来朝拜，男儿称意，马儿神骏，人马均属不凡。人以马而增辉，马以人而生光，前呼后拥满路皆是赞美之声，待东去扫平战乱之日，骏马会为节度使驰骋千里！

▼岑参雕像

这首专门吟诵马的诗歌，极力盛赞了卫节度坐骑赤骠马，爱惜之情溢于言表。此马不仅外表雄奇，更重要的是其内质雄豪，是一匹“骏马长鸣北风起”，“为君一日行千里”

▲图为落日下的河西走廊。敦煌至瓜州间的烽燧一带，曾经留下了岑参的足迹

的神异之马。诗中，岑参集中运用了夸张的艺术表现手法，以"君家赤骠画不得，一团旋风桃花色"开头，将一匹有形的马夸张描摹成一团旋风，突现其不可描画的气质，可谓语出惊人，勾画出此马非凡马的初始印象，即为全篇总领。接着，诗人用"红缨""紫鞚""黄金勒""玉鞍"等各种颜色相互搭配的精美马具再将这匹马打扮一番，起到了点染陪衬的作用。又以"尾长地"的夸张描写更显其神骏本色，以"弄影行骄碧蹄碎"突出此马慢行时的稳健神态。诗人在描写此马神速方面更是极力夸张："扬鞭骤急白汗流""骑将猎向南山口，城南狐兔不复有。""草头一点疾如飞，却使苍鹰翻向后。""待君东去扫胡尘，为君一日行千里。"刘开扬先生在解释"扬鞭"一句时道："此句极言急行。"《唐诗别裁集》则给"却使苍鹰翻向后"一句以很高评价："与少陵'岂有四蹄疾于鸟，不与八骏俱先鸣'同一意，而语更奇警"，达到了"曲尽情态，纵横变化，奇势横出"的艺术效果。

出神的描写，离不开内心的热爱。岑参爱马，在其400多首诗中，与马有关的诗句就有124处。《宿铁关西馆》中："马汗踏成泥，朝驰几万蹄。"骏

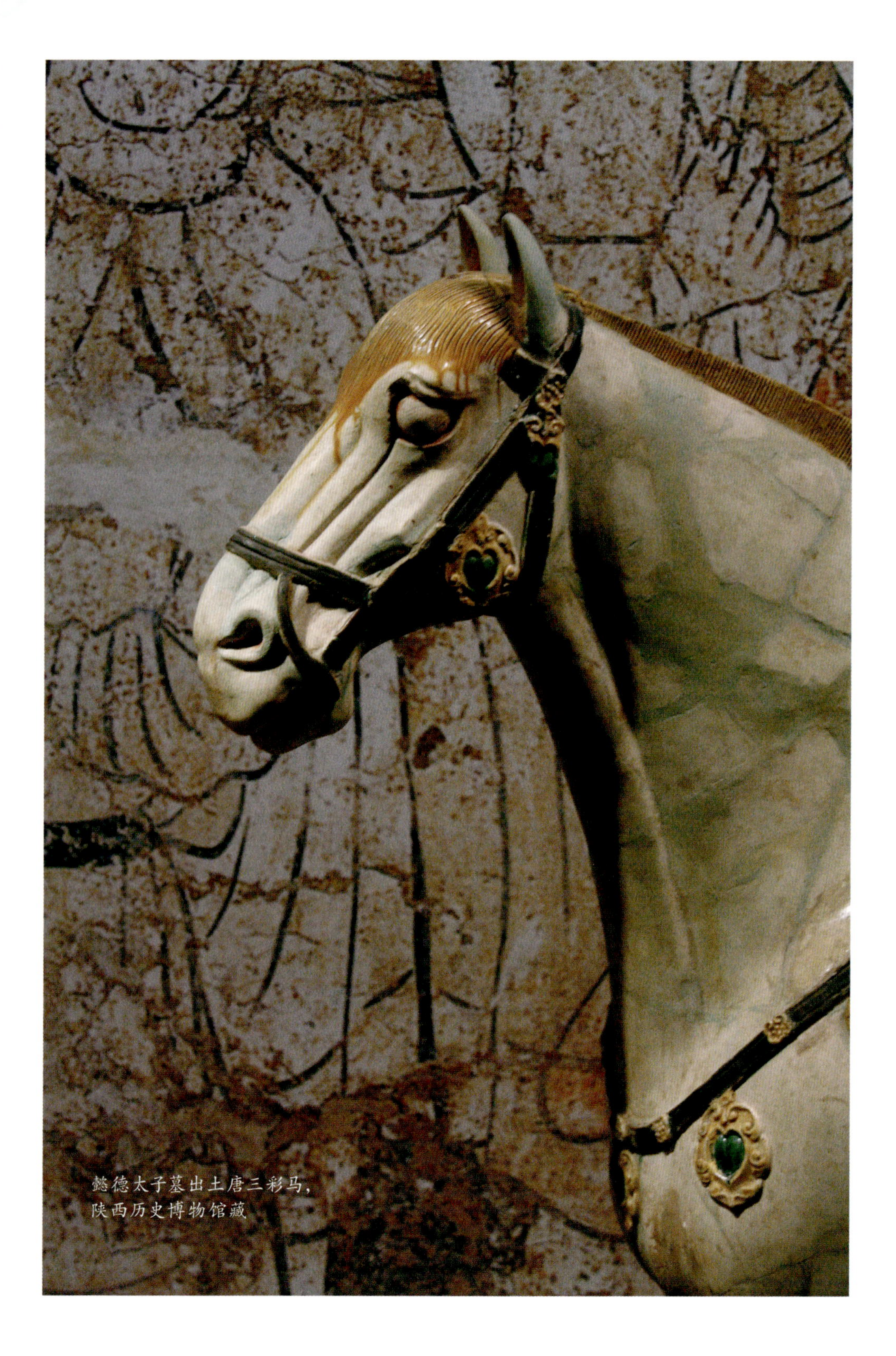

懿德太子墓出土唐三彩马，
陕西历史博物馆藏

马行千里，汗流不止，又加上一路上扬起的灰尘，竟使马汗成泥。“朝驰几万蹄”也是表现出了马行速度之快，所行路途之远，借以表现出诗人对远行大漠艰苦生活的体验。《武威送刘单判官赴安西行营便呈高开府》中：“马疾过飞鸟，无穷超夕阳。”飞鸟在古人心中是自由的象征，亦是速度的象征，在一望无际的大漠中，只有鸟儿能在瞬间消失在天地相接处。诗中将骏马的速度与鸟的速度相提并论，甚至超过飞鸟的速度，既写出了高速飞奔的战马的神骏之态，也突现了大漠的广阔无边。《送崔子还京》曰：“匹马西从天外归，扬鞭只共鸟争飞。”扬鞭而起的马则要与飞鸟一争高低了，虽然岑参也偶尔有类似“交河城边飞鸟绝，轮台路上马蹄滑”（《天山雪歌送萧治归京》）的诗句出现，但轻快如“匹马随飞鸿”（《北庭贻宗学士道别》）者占绝大多数。《初过陇山途中呈宇文判官》说：“马走碎石中，四蹄皆血流。”这里写到骏马的四蹄因长时间踏在碎石中而流血，可见大漠中行军的艰辛。《走马川行奉送封大夫出师西征》中，“马毛带雪汗气蒸，五花连钱旋作冰”，用夸张的描写来表现天气寒冷。

“蒲海晓霜凝马尾，葱山夜雪扑旌杆”，“九月天山风似刀，城南猎马缩寒毛”，“飞雪缩马毛，烈风擘我肤”，用夸张的笔调描写马毛、马尾、马蹄等局部，用马汗蒸发、马蹄冻脱、马尾凝霜等细节突出奇寒的气候特点，突现它们在遇严寒时的性状，以小见大，渲染诗意诗情，增强表达效果。这是在继承了北朝文人乐府诗中用马烘托战地环境恶劣的传统上，摆脱北朝乐府诗或多或少存在着的概念化、空泛化特点，开拓了以七言歌行为主体的唐代边塞诗，七言歌行的形式与边塞奇异的自然风光达到前所未有的统一。清施补华《岘佣说诗》云：“岑嘉州七古，劲骨奇异，如霜天一鹗，故施之边塞最宜。”

远赴边塞，路途遥远如天际，岑参深知其艰辛“还家剑锋尽，出塞马蹄穿”（《送张都尉东归》），但他依然一路高歌“马汗踏成泥，朝驰几万蹄”（《宿铁关西馆》）。马在岑参笔下，总能时时处处出神入化地变幻出无数惊人诗句，酣畅淋漓，大气磅礴。

马行不动势若来

——唐高适《画马篇》

君侯枥上骢，貌在丹青中。
马毛连钱蹄铁色，图画光辉骄玉勒。
马行不动势若来，权奇蹴踏无尘埃。
感兹绝代称妙手，遂令谈者不容口。
麒麟独步自可珍，驽骀万匹知何有。

▼唐代长安街景模型

终未如他枥上骢，
载华毂，骋飞鸿。

荷君剪拂与君用，
一日千里如旋风。

▲图为首都博物馆藏唐三彩马

墨笔丹青，如行云流水，那匹骏美雄健的神马，被描绘在画卷中。在绘画者妙手绘制下，马的鬃毛根根可见，铁青色的马蹄坚硬粗壮，精美讲究的马具衬托着马的神姿。虽是静态的画面，依旧能感受到骏马的动感与气势，其势如飞，绝尘而起，赛过飞翔的鸟儿。作者用简练的语句描绘了马的毛色、态势的形象之美，突出其奔腾之势、蹴踏之状，进而将之比为麒麟良马，用以与驽骀对比，衬托其一日千里、不同凡响之气势神韵，表达出诗人的情感。诗中的画马不再是单纯的客体形象，而被诗人赋予了强烈的意蕴，用马以喻人才，暗含以良骥自喻并希望得到赏识的意味。

盛唐时期，画马、咏马成为一时之风，骏马在唐代诗文中频繁出现。从题画诗中可以看出诗人不仅爱马的形态美、更爱其神态美、气势美以及非凡独立、驰骋千里的内在精神美，更有以骏马比喻人才，寄托感慨，抒发情怀。与岑参齐名的边塞诗人高适在其现存的200多首诗中，多次写到了马，专门

咏马的诗歌有《画马篇》和《同鲜于洛阳于毕员外宅观画马歌》二首。《同鲜于洛阳于毕员外宅观画马歌》亦是将画马比为骐骥用以比喻人才，兼有希望得到鲜于洛阳推荐之意。

较之岑参的夸张手法，高适的马诗多采取平实的表现手法，几乎不加任何修饰，更无奇警可言。“回轩自郭南，老幼满马前”（《过卢明府有赠》）、“边尘满北溟，虏骑正南驱”（《塞上》）、“胡人山下哭，胡马海迥死”（《宋中送族侄式颜》）、“征马向边州，萧萧嘶不休”（《送刘评事充朔方判官赋得征马嘶》）及“皇皇平原守，驷马出关东”（《奉寄平原颜太守》），如此种种，平铺直叙，娓娓道来。

同为边塞诗人，同为咏马，高适与岑参之间亦有差异。为了表现路途艰险，岑参有“马走碎石中，四蹄皆血流”（《初过陇山途中呈宇文判官》），而高适有“岩峦鸟不过，冰雪马堪迟”（《使青夷军入居庸》）；同样以马表现路途遥远，岑参有“还家剑锋尽，出塞马蹄穿”（《送张都尉东归》）、“走马西来欲到天，辞家见月两回圆”（《碛中作》），而高适则有“匹马行将久，征途却转难”（《使青夷军入居庸》）、“策马自沙漠，长驱登塞垣”（《蓟中作》）。艺术创作的差异，来自于二人的地域差异与不同的人生阅历。

《新唐书·高适传》记载，高适字达夫，沧州渤海（今河北景县）人。由此可知高适的出生地在燕赵地区，苍茫寥廓的中原景物，与悲歌慷慨的民风形成了燕赵独有的地域色彩。慷慨悲歌，好气任侠，正道直行，质朴务实，刚健有为，自强不息，是对燕赵文化的整体概括。《旧唐书·高适传》记载：“适喜言王霸大

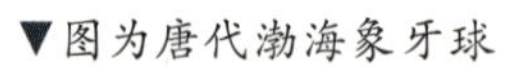
▼图为唐代渤海象牙球

▲唐代佚名作，左面牵马、右面牵驼，藏于大英博物馆

略，务功名，尚节义。逢时多难，以安危为己任，然言过其术，为大臣所轻。”他在诗歌中融进自己豪侠悲壮的风格，如苍茫浑厚的诗歌意境的塑造，诗中表现出来的豪爽、豁达的性格，及“悲壮”的诗歌风格等。他不以各种各样的景物为重点，而是以燕赵寻常的风物入诗，突出独属于燕赵地区的苍茫、辽阔的地域风光。高适诗中多平原地区常见的苍茫的境界描写，如太行山、辽阔的平原、苍茫的天空，这些事物本身就会带给人悲壮的审美感受。燕赵地区的平原所带来的辽阔、苍茫、寂寥之感，秋去冬来寒风的凛冽，以及北雁南归的怅惘，都可以在高适诗中找到。

高适先后三次出塞。曾北上蓟门，浪游燕赵，曾于燕地从军，东出卢龙塞（今河北迁安市西北），对边塞战士的生活具有亲身经历与体验，并凭直觉和敏锐目光，多次洞察军中苦乐不均、将帅腐败无能等现象及边防政策的弊病。在其《蓟门行五首》中，或委婉讥刺或尖锐揭示诸多社会问题：“一身既零丁，头鬓白纷纷。勋庸今已矣，不识霍将军！”（之一）“汉家能用武，开拓穷异域。戍卒厌糟糠，降胡饱衣食。”（之二）“元戎号令严，人马亦轻肥。羌胡无尽日，征战几时归！”（之三）。

儿时的幼功与独特的人生经历造就了高适平实豪迈的创作风格。《画马篇》对素绢上骏马的描述，虽多有作者的情思与寄托，但马之神态与气势，依旧透过纸背，栩栩如生般绝尘而起。

骁腾胡马行万里

——唐杜甫《房兵曹胡马》

胡马大宛名，锋棱瘦骨成。
竹批双耳峻，风入四蹄轻。
所向无空阔，真堪托死生。
骁腾有如此，万里可横行。

▼洛阳杜甫故里

▲图为唐三彩釉陶马、三彩釉胡人牵马俑

这是一匹产自大宛的名马，精瘦的筋骨如刀锋雕刻般突出分明，两耳如斜削的竹片一样尖锐，四蹄生风，蹄不践地。骑着这样的骏马，不畏道路空阔辽远，横行万里，驰骋沙场，可托生死。

前四句寥寥数笔，勾画出一匹神清骨峻的“胡马”。该马骨相嶙峋耸峙，状如锋棱，轮廓神峻。马耳如刀削斧劈一般锐利劲挺，似见其咴咴喷气、跃跃欲试的情状，下面顺势写其四蹄腾空、凌厉奔驰的雄姿，“批”“入”两字动感强烈，突出耳之力度，风入四蹄，别具神韵。后四句转入抒情，虚写马之品格，颈联侧重写马纵横驰骋，活动天地广阔无穷，可逾越一切险阻，令人信赖，看似写马，实是写人。尾联用“骁腾有如此”总挽上文，宕开“万里可横行”，开拓了诗歌的意境，既在物之内，又出于物之外，借马之驰骋万里，期房兵曹为国立功，更是诗人自己志向的写照。明张綖曰：“此四十字中，其种其相，其才其德，无所不备，而形容痛快，凡笔望一字不可得。”

此诗写于唐玄宗开元二十九年（741 年），诗人正值 29 岁，快至“而立”之年，正处于满怀壮志、豪情万丈、锐意进取的时期。他将自己“致君尧舜”的

▲侯震油画《丝绸之路》，洛阳博物馆收藏

政治理想和英雄情结寄寓于“胡马”健壮的肢体和豪放的神采之中，而且再现了盛唐繁荣昌盛的气象。诗中所提“房兵曹”，是以官职代称谓。兵曹，是官职名，为兵曹参军的省称，是唐代州府中掌管军防、驿传等事的小官。胡马，泛指当时西北边疆地区所产的马，“竹批”“耳峻”象尽其意。贾思勰在《齐民要术》中提到“马耳欲小而锐，状如斩竹筒”，此乃良马的标志。这匹有着高贵血统的西域大宛马的外形具备瘦削、棱角分明的筋骨感，奔跑起来矫健轻快而速度惊人。杜甫对马的审美有别于盛唐时期所崇尚的丰美肥硕，而钟情于马的“锋棱瘦骨”和“意态雄杰”。在他眼中，马并非用以豢养赏玩。第五、六两句“所向无空阔，真堪托死生”，前一句是说马之力，后一句是说马之德，概括出这骏马真正的、非凡的价值。大宛马骁腾神骏，异常的天赋、一往无前的精神、志在必得的决心和值得绝对信赖的品格，以及建功立业的雄心壮志，隐喻着杜甫此时的才气和报国之志，象征着杜甫所崇尚的事业精神和理想人生，展望了诗人未来的“所向无空阔”。清仇兆鳌《杜诗详注》评曰：“马以神气清劲为佳，不在多肉，故云‘锋棱瘦骨成’。‘无空阔’，能越涧注坡。‘托死生’，可临危脱险。”评论精当。浦起龙在《房兵曹胡马》诗后缀评语说：“此与《画鹰》诗自是年少气盛时，为自己写照。”咏马实为作者自咏，是借咏骏马以寄托壮怀，其年轻时的精神风貌、慷慨意气尽在其中。

杜甫出生于一个有着“奉儒守官”和诗歌创作传统的家庭，有着“生常免租税，名不隶征伐”的世家。杜甫的十三世祖是晋代名将当阳侯杜预。杜氏家族，从杜预以来自晋至唐历代有人做官，南北朝以前的几代官职较大，如左丞、侍郎、太守等；隋朝官较小多县令、县尉等。祖父杜审言做过县尉、县丞等官。其父杜闲曾为兖州司马、奉天令。杜甫所处的年代恰是封建官僚世家由盛而衰的时期。杜甫曾在《进雕赋》中感慨：“臣之近代，陵夷、公侯之贵磨灭，鼎铭之勋，不复照耀于明时。”但这种衰败的家世并没有磨灭诗人的凌云壮志，远祖杜预的英雄业绩激发了诗人的功名事业心。公元741年他文祭杜预时言“小子筑室首阳之下，不敢忘本，不敢违仁”，将杜预看成最理想的“奉儒守官”的楷模。“传之以仁义礼智信，列之以公侯伯子男”，“自先君恕，预以降，奉儒守官，未坠素业”，杜甫以天下为己任，一心报国的政治理想与其家世传承有着密切的联系。

34岁之前，杜甫处于“开元盛世”的时代，过着“裘马颇清狂”的游历生活，“快意”了“八九年”。“一种诗风的形成，固然是诗歌自身发展的结果，但也与外在因素的刺激作用密不可分。”盛唐时代国力强盛，开元、天宝年间政治稳定、经济繁荣，使唐王朝别具雄大的魄力和自信，整个社会弥漫着为国立功的荣誉感和英雄主义精神。为杜甫的政治理想和英雄情结提供了“所向无空阔”“万里可横行”的社会现实条件。写《房兵曹胡马》时，杜甫已开始了人生价值的初步探讨与追寻。他选取西域的“大宛马”作

▼图为三彩釉陶持瓶胡人俑，应属当时的撒马尔罕风格，展现出商人饮酒解乏，满面微醺之态

为寄寓理想的载体，正是传统马意象母题在诗人作品中的烛照。“杜甫素怀大志，自许甚高，对于国家、人民怀有强烈的责任感和使命感，所以一往无前、腾骧万里的骏马正好与诗人的远大抱负所契合。”此时马意象母题是“宝马英雄”式主流母题的运用，也是传统文化中“千里马——伯乐”这一思想程式的折射。

咏马之作，代有名篇。然而，鲜有诗人如杜甫，通过咏马广泛而深刻地描写时代与自我。王嗣奭说：“老杜最善咏马。”其诗歌中有大量关于马的题材，出现过310多次，如诗中的“大宛马”“胡青骢”“骅骝”“汗血马”“天马”“铁马”“龙马”“神马”“赤骥”“骊驹”“肥马”“瘦马”等，以及描写马的形态与心理的词，如“骁腾”“横行”“锋棱”“腕促”“蹄高”“紫焰双瞳”“硉兀”“皮干”“毛暗”“委弃”“惨澹”等，杜甫对马真的可以称得上“苦用心”也。他用精妙的笔触刻画出每一匹马的灵性、神性，甚至连马身上佩戴的马鞍、箭盒、缰绳都赋予特殊意味，都用来衬托马的形象，注重形、神、气、貌、性的凝合。为歌咏骏马的功绩，他言“万马救中原”，“汗马收宫阙”；为疾呼朝廷重视良才，他以骏马喻良才“力图求骏马”。为良才被埋没而发出不平慨叹：“如今岂无騕褭与骅骝，时无王良伯乐死即休。”有时他以老马自况，表达自己对统治者的忠心，渴望为祖国尽力，“骅骝顾主鸣”“青丝络头为君老”“老骥思千里”“老马终望云”“哀鸣思战斗，迥立向苍苍”“古来存老马，不必取长途”。这些托物寄兴的诗句中，饱满着诗人满腔的政治热情和一片感人的赤诚。

房兵曹的骏马，身姿伟岸，骨架开张，双耳尖短，四蹄生风，驰骋迅猛，横行万里，足可担负起立功沙场的使命。全诗矫健豪放，沉雄隽永，气韵生动，是年轻的杜甫壮志凌云的真实写照，寄托着诗人远大的抱负和豪放的情怀，展现了盛唐之音的文学魅力。这既是一首浑灏流转的咏物诗，也是一首热情洋溢的抒情诗，是历代咏马诗中的杰作，奠定了杜甫在盛唐诗歌中的重要地位。

硉兀老马一沉吟

——唐杜甫《病马》

乘尔亦已久，天寒关塞深。
尘中老尽力，岁晚病伤心。
毛骨岂殊众？驯良犹至今。
物微意不浅，感动一沉吟。

▼唐李寿墓西壁绘备马侍行图

冒着天寒，朝向关塞前进。一路走了这么久，风尘中你老了，却依旧劳顿不停。岁晚时你病了，沉重得使我无限伤心。你的毛骨与其他的马匹并无不同，但能驯良地伴随我走到如今。虽是芸芸众生中的一粒尘埃，但深厚的情谊却不可浅论。我怀揣着感动，要一心把将沉吟。

这匹乘骑已为杜

▲成都武侯祠内的杜甫雕像

甫效力多年，它虽非追风逐电的千里驹，也不具骨相奇伟的外貌，却十分驯顺，一贯忠心耿耿、竭尽全力。而今它日渐衰老，又遇上寒冷天气，终于支撑不住病倒了。杜甫并不因为它衰病无用而一脚踢开，反而想起它昔日的种种好处，引发出对病马的感激和怜悯之情，甚至还有愧疚之意。诗称病马为“尔”，似是与病马娓娓交谈，亲切慰问，表露出亲朋密侣之间的真挚情谊。清仇占鳌《杜诗详注》云：“尽其力者由人，则见病伤心者亦当属人。或以意不浅指人，亦非也。惟马有恋人之意，故人对之而不胜感动。”病马老病堪怜，处境险恶，一腔悲愤何人可诉？细读诗歌，似乎能听见病马苦苦的哀鸣。诗人以“天寒关塞深”申述自己的无功之苦，以“尘中老尽力，岁晚病伤心”道出了内心的委屈，“毛骨岂殊众，驯良犹至今”，叙写自己始终抱有“致君尧舜”的理想，然而“物微意不浅，感动一沉吟”，如闷雷轰响，表现了强烈的反抗情绪。在这首《病马》诗中，我们不仅可看到杜甫人生低谷时期的苦闷与不满，更可窥探出当时唐王朝政权破败欲坠，经济衰落的状况。

杜甫一生借诗言志抒怀，惨淡经营，病终时还卧榻挥毫，创作了大量的诗作，现在流传下来的诗作计有 1450 余首。无论是叙事记行，还是抒发情怀，杜甫的诗大都伤时忧国，缘事而发，有着丰富的社会政治内容，流露出浓郁的时代气息。其诗作中，不同时期专门写马的诗有十余首之多，有的直接写马，有的间接写马，有的则是一些画马图的题诗。凡其所咏之马，体态非凡，精神抖擞，有的虽然是良骑，却因病而瘦弱；有时，诗人虽是在诗中一笔点过，但仍生龙活虎，形象生动异常。陈贻焮在《杜甫评传》中谈及杜诗中

“马”的形象嬗变：“曾几何时，随着诗人的仕途蹭蹬、身心交瘁，这些骏马在他笔下明显地起了变化：有的形容枯槁，简直就是此时此境作者的化身；有的一抟即中，翩然而逝，聊藉宣泄其郁结胸襟；有的英姿犹昔，但不复用以自况，而是他落魄神情的反衬。”

如果说《房兵曹胡马》一诗充溢着豪迈壮阔之气，借以抒发作者“自谓颇挺出，立登要路津”的壮志，那么，《病马》则是诗人形影相吊、顾影自怜的写照。“安史之乱”后，唐诗风貌发生了巨大的变化，深刻的悲凉之音在唐诗里弥漫四溢。唐王朝辉煌盛世一去不返，杜甫的“致君尧舜上，再使风俗淳”的理想受到了极大的打击，但他依旧坚持积极入世，“如今岂无騕褭与骅骝，时无王良伯乐死即休”，在马诗中有充分的体现。

从天宝五年（746 年）赴长安起，到天宝十四年（755 年），杜甫前后在长安停留大约十年时间。这十年中，他体会到世态炎凉与人情淡薄。人生的艰难，使他对当时朝廷的腐败和人民生活的困苦开始有了初步的认识。他

▼唐代墓葬中出土三彩马众多，反映出唐人对马的喜爱

曾经三次向唐玄宗上赋，冀望能谋一官半职，实现自己报效祖国的人生抱负。然而，滞留长安十年中，他只是被授予了河西尉（从九品）的小官，这对才高气傲的诗人来说，不啻晴天霹雳。诗人内心充满巨大的失望和痛苦，这一情绪在他的咏马诗中鲜明地表现了出来。天宝八年（749 年）所作《高都护骢马行》，陈贻焮曾在《杜甫评传》中解释：“高都护的这匹‘胡青骢’如今是真的建立了奇功，主人为了报答它的‘汗马功劳’，将它从遥远的沙漠中带回长安，优厚而舒适地供养起来。这绝非无功受禄，应该是心安理得了。可是‘胡青骢’却大不以为然。它‘雄姿未受伏枥恩，猛气犹思战场利’，生怕‘青丝络头为君老，何由却出横门道’！这哪里是马的担心，这是壮志未酬的诗人的自白。”

作于乾元元年（758 年）的《瘦马行》和《李鄠县丈人胡马行》似可看作诗人心灵嬗变的一个缩影。安史之乱的爆发，将诗人内心残留的那一点干谒之心击得粉碎，出现在诗人笔下的马，更是自身凄凉处世、颠沛流离的最好写

▼西安高陵区李晦墓出土的三彩骑马乐俑。人物塑造栩栩如生，充满了生命的活力和丰富的精神魅力

照。“东郊瘦马使我伤，骨骼硉兀如堵墙。……皮干剥落杂泥滓，毛暗萧条连雪霜。”（《瘦马行》）。作者借这匹憔悴不堪的瘦马，反观自己落魄被弃，杜甫内心涌动着无数的酸楚与苦涩。

乾元二年（759年），杜甫弃官入蜀，在西南度过了一段比较平静的时期。经过多年的战乱，诗人对社会生活有了更多的认识，对朝廷已不抱太多的期望。此时期诗人笔下的马有感伤留恋之意，在一些诗作中更有平静超然之心。此时期杜甫诗中的“马”意象，主要归结为两类：其一是伤心离别，形影相吊。如《别赞上人》（759年）“马嘶思故枥，归鸟尽敛翼”，《白沙渡》（759年）“我马向北嘶，山猿饮相唤”，《送韩十四江东省觐》“黄牛峡静滩声转，白马江寒树影稀”等等。其共同特征是马成为依恋故主、忠贞不贰的象征，这也正符合杜甫一贯的忠君爱国思想。其二是“叹羁旅寂寥”、伤贤士不遇。如《畏人》（762年）“门径从榛草，无心走马蹄”，《述古三首》（763年）“赤骥顿长缨，非无万里姿。悲鸣泪至地，为问驭者谁”，《客堂》（766年）“老马终望云，南雁意在北”，《奉汉中王手札》（766年）“犬马诚为恋，狐狸不足论”，《舍弟观赴蓝田取妻子到江陵喜寄三首》（767年）“马度秦关雪正深，北来肌骨苦寒侵”等。士之寂寞而能守高节，士虽清贫却有不可夺之志。此时的马，少了外形的骏发飞扬，更重视的是内在的神韵与寄托。虽然不能上阵杀敌，立万世功勋，但不得过且过，而是独善其身，时时以国家君王为念。此时的马，更多的是孤马，而很少群马，没有了过往的激扬热烈，反映了作者此时期沉静孤寂的人生状态。

马对于杜甫而言，如同一个标志性的艺术象征，好比菊之于陶潜，大鹏之于李白。他反复咏马写马，不断哀马赞马，从骁腾的胡马到被委弃的病马，再到日暮途穷的瘦马。马贯穿了杜甫的一生，体现着自己一生的心路历程、襟抱志意与审美意趣，折射着盛唐气象的兴衰。杜甫的马诗是唐代咏物诗的代表，凝聚着杜甫的诗歌精神和艺术功力。青年时代豪情壮志，入仕时一次次被贬弃的遭遇，漂泊暮年的酸辛。这时间，仿佛听到了一颗伟大心灵震颤的声音，仿佛看到一匹识途的老马永远在史册上走着，走着……

丹青妙笔题画诗

——唐杜甫《丹青引赠曹将军霸》

开元之中常引见，承恩数上南薰殿。
凌烟功臣少颜色，将军下笔开生面。
良相头上进贤冠，猛将腰间大羽箭。
褒公鄂公毛发动，英姿飒爽来酣战。
先帝天马五花骢，画工如山貌不同。
是日牵来赤墀下，迥立阊阖生长风。
诏谓将军拂绢素，意匠惨澹经营中。
斯须九重真龙出，一洗万古凡马空。
玉花却在御榻上，榻上庭前屹相向。
至尊含笑催赐金，圉人太仆皆惆怅。
弟子韩幹早入室，亦能画马穷殊相。
幹惟画肉不画骨，忍使骅骝气凋丧。
……

曹霸是开元时的著名画家，唐张彦远《历代名画记》中载："曹霸，魏曹髦（曹操曾孙）之后……霸在开元中已得名，天宝末每诏写御马及功臣，官至左武卫将军。"后得罪被削籍为庶人。唐代宗广德二年（764年），杜甫和曹霸在成都相识，其身世勾起了杜甫的无限感触，于是便写了这首赠诗。此诗起笔洗练，苍凉。先介绍曹霸为魏武帝曹操之后，而今却沦为平民百姓成为寒门。然后宕开一笔，颂扬曹霸祖先。曹操称雄中原的业绩虽成往史，但其诗歌的艺术造诣高超，辞采美妙，流风余韵，至今犹存。开头四句，抑扬起伏，跌宕多姿，大气包举，统摄全篇。清代王士禛称为“工于发端”。

接着介绍曹霸在书法上师承东晋卫夫人，写得一手好字，一生沉浸在绘画艺术之中而不知老之将至。他情操高尚，不慕荣利，视功名如浮云。诗人笔姿灵活，“学书”二句只是陪笔，故意一放；“丹青”二句点题，才是正意所在，写得主次分明，抑扬顿挫，错落有致。开元年间，曹霸应诏去见唐玄宗，有幸屡次登上南薰殿。凌烟阁上的功臣像，因年久褪色，曹霸奉命重绘。他笔下的文臣头戴朝冠，武将腰插大竿长箭。褒国公段志玄、鄂国公尉迟恭，毛发飞动，神采奕奕，仿佛呼之欲出，要奔赴沙场鏖战一番。这里赞美了曹霸的肖像画形神兼备，气韵生动，表现了高超的技艺。

至此，才进入画马的重点，文字中倾注了热烈的赞美之情，笔墨酣畅，精彩至极。诗人说唐玄宗的御马玉花骢，众多画师都描摹过，各各不同，无一肖似逼真。此处用众画工的凡马来烘托画师的“真龙”，着意描摹曹霸画马的神妙。有一天，玉花骢牵至阊阖宫的赤色台阶前，扬首卓立，神气轩昂，唐玄宗即命曹霸展开白绢当场写生。曹霸先巧妙运思，随后落笔挥洒，须臾之间，一气呵成。其笔下的马神奇雄峻，如从宫门腾跃而出的飞龙，一切凡马在此马前都显得相形失色。诗人将画马与真马合写，十分高妙，不着一“肖”字，却极为生动地写出了画马的逼真传神，令人真

▼图为唐彩绘文吏俑

假莫辨。唐玄宗见画马神态轩昂，含笑催促侍从赶快赐金奖赏。杜甫以唐玄宗、太仆和圉人的不同反应渲染出曹霸画技的高妙超群，随后又用他的弟子、也以画马有名的韩幹来做反衬，《彦周诗话》言“老杜作‘至尊含笑催赐金，圉人太仆皆惆怅’，此诗微而显，《春秋》法也”，以浓墨彩笔铺叙曹霸过去在宫廷作画的盛况。

“将军画善盖有神”句，总收上文，点明曹霸画艺的精湛绝伦，用前后对比的手法，以苍凉的笔调描写曹霸流入民间的落魄境况。曹霸不轻易为人画像，可是在战乱动荡的岁月里，一代画马宗师，流落漂泊，竟不得不靠卖画为生，甚至屡屡为寻常过路行人画像了。《吴礼部诗话》：“又凡作诗，难用经句，老杜则不然，‘丹青不知老将至，富贵于我如浮云’，若自己出。”画家的辛酸境遇和杜甫的坎坷经历十分相似，诗人内心由此引起共鸣，感慨自古负有盛名、成就杰出的艺术家，往往时运不济，困顿缠身，郁郁不得志。杨慎云：“马之为物最神骏，故古之诗人画工，皆借之以寄其精工。”结句看似宽解曹霸，实则更是诗人聊以自慰，饱含着对封建社会世态炎凉的愤慨。

▼陕西西安曲江雕塑造型，再现了宫廷歌舞伎的唐代马车

诗人杜甫热衷绘画艺术，热情地为画家立传，以诗摹写画意，评画论画，诗画结合，富有浓郁的诗情画意，把深邃的现实主义画论和诗传体的特写熔为一炉，具有独特的美学意义，在中国唐代美术史和绘画批评史上也有一定的认识价值。清人方薰赞杜甫曰：“自来题画诗，亦惟此老使笔如画。”（《山静居画论》）在杜甫近二十首题画诗中，高质量的名篇颇多。其中，最引人注目、歌咏对象最能代表当时上层社会风气的是他的题画马诗，有《丹青引赠曹将军霸》《韦讽录事宅观曹将军画马图》《天育骠骑图歌》《题壁上韦偃画马歌》四首。

▲唐代吐蕃的马上饰件金杏叶

《丹青引赠曹将军霸》一诗，在杜甫题画诗中最负盛名，其主旨在于借画家一生遭际，寄托诗人治乱兴衰的深沉感慨。题画马，但画马并不完全占据整个诗歌，杜甫几乎给他所挚爱的画家做了一个小传。这些画外的描写，加深了读者对画家的了解和对绘画作品的理解。与这首诗思想相对应的是另一首写曹霸的《韦讽录事宅观曹将军画马图》。诗人以“神妙独数”的江都王作衬，再次由衷地赞叹曹霸“将军得名三十载，人间又见真乘黄”。通过写当时人们争相求画的情况反映出曹霸的高超画技，对画马的筋骨气力进行了一番描述：“此皆骑战一敌万，缟素漠漠开风沙。其余七匹亦殊绝，迥若寒空动烟雪。霜蹄蹴踏长楸间，马官厮养森成列。”我们看到的画马，威风凛凛，神气飞动，宛如真马。诗人借物抒怀“可怜九马争神骏，顾视清高气深稳”，貌似

赞叹画马的神韵，更是诗人自我的写照。诗末，诗人将诗歌境界升华到现实批判意义的高度，慨叹人才随着唐玄宗的亡故和盛世的消逝而湮没无闻："君不见金粟堆前松柏里，龙媒去尽鸟呼风！"

在《天育骠骑图歌》中，杜甫由马而及人，由马而及社会，虽是为马叫屈，实则为人才、为自己鸣不平。《题壁上韦偃画马歌》中，除对画马精心描摹外，诗末的感慨："时危安得真致此，与人同生亦同死！"则流露出诗人念念不忘国难的爱国精神，见出诗人本色。所以，杜甫的题画马诗既对画马作穷形尽相的描摹，又不停留在画上，而是将自己的主观感情灌注其中，反映社会现实，表达心中不平之气，创造出深刻理性的思想境界。

杜甫笔下，诗歌与绘画密不可分。杜甫在其题画马诗中表现出"状飞动之句，写冥奥之思"（唐皎然《诗议》）的特点，反映了杜甫的精湛诗艺。值

▼艺术珍品博物馆藏唐三彩马，制作者准确地抓住了马在现实生活中鲜活的动态瞬间，赋予了三彩马丰富的情感内涵

得一提的是，《丹青引赠曹将军霸》中提到了韩幹。韩幹画马以壮硕著称，他将“盛唐风采”融入马的雄壮肥硕形象之中，这是时代的共同审美趣味在绘画上的直接反映。而杜甫的审美标准与审美趣味与此不同，他倾向于瘦硬遒劲、骨气刚健的艺术风格。他笔下骁腾万里的骏马都是“锋棱瘦骨成”，与其风骨刚健、笔力峭劲的诗篇有相通之处。形成这样的艺术风格，除却个人人生经历，与诗人尚古有关。儒家尚古，往往以复古为己任，唐以前的古典书画艺术，总的倾向是瘦硬清峻。魏晋时代的艺术家往往以“骨”来权衡画作的品流，书法也崇尚瘦硬刚健，东晋卫夫人《笔阵图》中讲：“善笔力者多骨，不善笔力者多肉。”杜甫宣称，“老夫平生好奇古”，又称赞唐代画家薛稷的书画为“少保有古风”。他在诗中一再申明自己尚骨的标准：“苦县光和尚骨立，书贵瘦硬方通神”，“峄山之碑野火焚，枣木传刻肥失真”，这与“幹惟画肉不画骨，忍使骅骝气凋丧”的观点相一致。

杜甫以其如椽巨笔，托物言志，借马抒怀，构建了一个马的世界。他咏马重骨，相马失之瘦，相士失之贫，将马拟人化，是失志之士对世俗轻薄势利的慨叹。

胡马常从万里来

——唐韦应物《调笑令·胡马》

胡马，胡马，远放燕支山下。

跑沙跑雪独嘶，东望西望路迷。

迷路，迷路，边草无穷日暮。

胡马啊，胡马，被远远地流放在荒凉的焉支山下。它们四蹄刨沙刨雪，独自奔跑嘶鸣，东西张望，四处茫茫一片迷了来路。迷路啊，迷路，萋萋边草无穷无尽，霭霭暮色笼罩着山头。

▼胡人牵马图壁画，陕西省礼泉县烟霞镇陵光村出土，昭陵博物馆藏

这首唐代诗人韦应物的词作，描绘的是一幅草原骏马图。以二言叠词起首，渲染了词作的环境。在焉支山下的茫茫草原上，成群的骏马在此放牧，四周群山绵延，草迹无边，一派雄伟壮丽之景。第四、五句选取了其中一匹失群迷途的

▲图为甘肃山丹焉支山的山门

马加以描写。它因为跑失了群，独自不安地用马蹄刨着沙土和残雪，并不时地昂首嘶鸣，东张西望地彷徨着，不知该何去何从。“跑”读作“刨”，用足刨地之意，传神地刻画了骏马迷路后的神情姿态，惟妙惟肖地勾勒了迷途之马的焦灼不安和急切烦躁，渲染了塞外草原的空旷寂寥。第六、七两句又用二言叠语，并运用《调笑令》的定格，即叠语“迷路”是第五句句末“路迷”二字的倒转。紧接着“边草无穷日暮”，既点出了暮色时分，又渲染了空间的旷远，补足了骏马迷路时的环境。夕阳西下，余晖映照着边草，边草无穷无尽地向四外延伸开去，一眼望不到尽头。此句语淡意远，以点睛之笔在之前绘就的雄伟壮丽的草原图景上又抹上了一层苍凉迷离的色彩。

词作虽为写马，但展现了远山、沙雪、边草、斜阳等意象，又以骏马嘶鸣回荡渲染气氛，苍莽壮阔中带有悲凉，烘托出浑厚高远的意境。细细读之，亦能品读出边塞自然环境的严酷与所处之人的迷惘孤独。骏马迷路时的焦虑不安更是戍边将士们在塞外常有的孤寂忧虑的心情。唐代在边地设立都护府，管理边地事务，战事不断，边地士兵生活悲苦。词作“远放燕支山下”

中，有边塞失防、胡人入侵时将士的惊乱；“跑沙跑雪独嘶，东望西望路迷”中有边塞将士的焦躁不安、迷茫困惑、挣扎无果；“边草无穷日暮”，又是一日将逝，未来在何方？饱含象征意象于其中，其意境耐人寻味。整篇词作着墨无多，通过象征的手法描写边塞生活，是诗人为抒写戍守边塞士卒的思家情感和艰苦生活而作。笔力浑朴苍茫，赋物工致，笔意回环，反映了当时边地的社会生活，实为佳作。

鲁迅先生曾说：“唐人大有胡气”。唐代，不仅“太常乐尚胡曲，贵人御馔，尽供胡食，士女皆竟衣胡服”（《旧唐书·舆服志》），而且民俗心理胡风甚浓，“闺门失礼之事不以为异”（朱熹《朱子语类》卷一百三十六）。妇女可外出经商，亦可诣阙进诗，更可与男子自由交往，出外游乐无所限制，“都人士女，每至正月半后，各乘车跨马，供帐于园圃，或郊野中，为探春之宴”。（《开元天宝遗事》）唐代对异族风物多有所延纳并容，在唐代文学作品中出现的

▼唐三彩釉陶男牵马俑及三彩釉陶马，陕西富平县节愍太子墓出土

▲丝路酒肆，展现了丝路文化的多元

马，凡健壮善走者皆为“胡马”，“胡马”是良马之代称。陈寅恪先生在《论唐代之藩将与府兵》一文中曾云：“中国马种不如胡马优良。汉武帝之求良马，史乘记载甚详，后世论之者亦多。……唐代之武功亦与胡地出生之马及汉地杂有胡种之马有密切关系，自无待言。”

唐朝疆域辽阔，边地与中原交流广泛深入，它与周边诸族（国）互市时购进胡马，既解决了唐军战马需求的同时，又可以削弱对手的力量，使“蕃马益少，而汉军益壮”。唐玄宗时，与突厥“以金帛市马，于河东、朔方、陇右牧之，既杂胡种，马乃益壮。天宝后，诸军战马动以万计……议谓秦汉以来，唐马最盛”（《新唐书·兵志》），善走的胡马成为驰骋疆场最合适的象征载体。胡马的雄壮与唐人崇尚的阳刚之美不谋而合。唐人秉承了将马与龙攀亲，视骏马为龙之化身的古老传说，屡屡为胡马涂上神话色彩。诗人们在诗词著作中极尽夸张、对比、衬托的手法，对边地战事残酷、环境恶劣进行描述，并依托文学作品抒发自己奔腾不息的精神力量。“不教胡马度阴山”，“不破楼兰终不还”，“愿将腰下剑，直为斩楼兰”，胡马成为唐代文学中最具代表性的文学意象，体现出唐人的思想轨迹，折射着大唐精神。

文学是生活的反映。唐代的外来文明影响着唐代文人的思想与感情，进而以文学的方式表现出来。奇妙的异域胡马，是窥见唐人多彩心灵世界的隐秘一角。胡马的进入使唐代文学有了更为丰赡的想象空间，马的母题及其艺术表现成为唐代文学的一个重要来源，透射着大唐人的尚武精神和推崇雄健的美学品格，千载悠悠。

以悲为美哀马歌

——唐李贺《马诗二十三首·其五》

大漠沙如雪，燕山月似钩。

何当金络脑，快走踏清秋。

茫茫大漠沙石洁白如雪，燕山新月初上，弯如金钩。这边塞争战之处，正是良马和英雄大显身手之地。然而，何时战马才能配上金制辔脑，让它在

▼高昌郡时期，新疆鄯善县洋海墓地出土彩绘泥塑马

文学卷

秋日辽阔的原野尽情驰骋。本诗语言明快，风格健爽。前两句写景，写适于骏马驰骋的燕山原野的景色；后两句抒情，自比为良马，期望自己受到重用，一展雄才大志。

马，它具有其他动物远远不及的特有素质。为了达到绝望灵魂的自我拯救，李贺选用马“比物征事”。他以马自况、以马喻人、借题抒慨，以饱含情感的诗笔写下了组诗《马诗二十三首》（以下简称《马诗》），以抒发自己的忠愤。诗中蕴含了很多与马有关的历史典故，更是弥漫着青年诗人李贺的凄苦灵魂在时代重磐之下的喘息声。整组诗按其意脉大体可分成四个部分：第一部分讲马虽徒为良驹却是穷困潦倒，以喻自身困迫。第二部分以马喻人，讲述了自身的意志、希望、抱负和不幸的遭遇。第三部分指出被用的不是良驹，千里马的价值无人能识，悲叹自己的命运。第四部分情绪直转，化为哀叹无奈，最终归为淡泊，生不逢时，所能何为？

▼唐代骑马出行图，陕西三原县李寿墓出土

作为诗人19岁以后的作品，《马诗二十三首》饱含着诗人的幽怨与无奈，回旋着其性格悲剧性的主旋律。王琦在《李贺诗集》中说：“《马诗》二十三首，俱是借题抒意，或美、或讥、或悲、或惜，大抵于当时所闻见之中各有所比。言马也，而意初不在马矣。”李贺的咏马诗，既有壮辞、赞歌，也有哀咏、悲歌。总的来看，李贺所塑造的马形象，形神堪悲者多于神采壮逸者，所构建的一系列马意象，大多富有悲剧美的特征，与诗人一生情愫纠结密切相关。

▲唐代彩绘腰鼓女坐俑

李贺终其短暂一生，有三个情结始终萦绕于怀。一是作为“唐诸王孙”，却难进“孤忠”，报效无门，“宗孙”情结困扰其一生。诗人所处的年代为安史之乱后的中唐，阉宦专权、藩镇割据、外族侵扰的现实社会无不强烈地刺激着他的敏感神经。“唐诸王孙”的身份，令他对这样的社会现实充满忧患意识，又有强烈的光宗耀祖的宗族意识。为了不辱没名门，他强烈地向往功名，但“宗孙”出身带给他的只是悲凉与烦扰。

其二“厄于谗，不得举进士”，终生怀才不遇，纠结于“不遇”情结。7 岁苦吟疾书，15 岁时名动京师，与年长他 30 岁的诗人李益齐名，同时又深得韩愈、皇甫湜等大家的赏识。少年得志使其颇为自负，自认为是“龙材”“非凡马”，以为自己去长安会一试中鹄，却因“贺父名晋肃，‘晋’‘进’同音”，故应避讳，不得应进士举。即使韩愈作《讳辨》为李贺辩解：“父名晋肃，子不得举进士，若父名仁，子不得为仁乎?”但最终还是无济于事，李贺只好怅然而归。主观强烈愿望受限于客观现实，对李贺带来了毁灭性的打击和心灵上难以愈合的创伤，使他悲痛欲绝，视之为一生的恨事，这种怀才不遇的难解情结成了他在诗作（包括《马诗》）里所吟咏的主要内容。

其三为疾病所累，“非生非死”“人命至促，好景尽虚”，敏感抑郁的李贺对生与死极为敏感，一生伴有强烈的“生命”情结。他自知身远名微、身体羸弱、沉病难起，常有一种时不我待的紧迫感，故而特别珍惜光阴。自17岁起，李贺就往来奔走于京、洛之间，愤慨地呼喊，恳切地陈情，换回的却是冷漠社会回音壁上他自己的声音。“少年心事当拿云”的自信也转为“我有迷魂招不得”式的焦灼和“生世莫徒劳，风吹盘上烛”的哀叹，他“藏哀情孤激之思于片章短什”，或言天界、鬼仙等以求得精神上对生死的超脱，或“寓今托古，比物征事”，而作“呕心之语”，以言志抒愤。

“宗孙”“不遇”与“生命”情结，伴随着李贺短暂的一生。于是，他在诗里创造了一个个“类我”的悲剧意象。“此马非凡马”（《马诗》其四），大似自负的李贺，“夜来霜压栈，骏骨折西风”（《马诗》其九），又极似困顿中的李贺。《马诗》（其六）“饥卧骨查牙，粗毛刺破花。鬣焦朱色落，发断锯长麻。”描写了一匹饱尝饥饿困顿的马。此马瘦骨突露，无力立起，马皮毛长，苦不待言，与现实中的李贺极为相似。他借“类我”的马悲剧意象，塑造了诗人“心灵化的意象”，渗透着自己的价值观念和对社会的评判，反映了诗人对时代、

▼青海都兰出土白匈奴骑射形金饰片

对人生的多方位观照和情感体验。

▲莫高窟154窟内绘有中唐时期马形象的《金光明经·舍身品》壁画（局部）

《马诗二十三首》每首可独立成篇，又可当作一个整体来比照合观。“无人织锦韂，谁为铸金鞭？”（《马诗》其一）虽然具有“龙脊贴连钱，银蹄白踏烟”的极佳素质，而结局却是“只今掊白草，何日蓦青山”（《马诗》其十八）。虽是“此马非凡马，房星本是星”（《马诗》其四），而结局仍是“饥卧骨查牙，粗毛刺破花。鬣焦朱色落，发断锯长麻（《马诗》其六）。在困厄境地中，诗人李贺仍然借马悲愤地写道：“腊月草根甜，天街雪似盐。未知口硬软，先拟蒺藜衔。”（《马诗》其二）寒冬马饥，无草可食，草根深覆雪中，只有刺嘴的蒺藜，遭际如此糟糕，却依旧忍着刺痛咀嚼，一个“穷且弥坚，不坠青云之志”的志士形象跃然纸上。空有抱负却无处施展，李贺辞官还家，内心的沉重阴郁可想而知，愤慨至极。他写道：“宝玦谁家子，长闻侠骨香。堆金买骏骨，将送楚襄王。”（《马诗》其十三）世无爱马之人，不如将堆金所购的骏骨赠鬼，绝望之余声嘶力竭地呼喊，其沉痛之情令人心碎。诗人所咏千里马，或待时而飞，或不遇伯乐，或困顿不堪……总之，这些千里马却没有一个是得时之马。相反，身居金埒、鞍镫雕麟的却是凡马庸才。诗人极力谱写了凡马得意至极，还刻画了超然物外、自有善相的萧寺驮经白马不懈奔走于章台的追名逐利之徒。这种运用比兴而又互相比照中，寄托了诗人的深愤浩叹。

在艺术价值方面，李贺的《马诗》同唐代的其他咏物诗一样，承六朝咏物重刻画的遗风，做到了体物肖形，写形传神，达到了物我交融、感慨遥深、

情感物中、意超象外的艺术境界。但是，由于社会环境的变化和李贺个人遭际的不幸，他的咏马之作已非盛唐那种兴象玲珑的咏物之作，多表现出重主观、尚怪奇的美学追求。他追求异乎寻常的美，强调“不平则鸣”，注重内心世界的表现和主观情绪的尽情发泄。《马诗》就是运用比兴手法从不同角度、不同侧面去写马，感时讽世，借咏马以表达隐藏在他那心灵秘府的深哀剧痛，借咏马以表现他的悲苦追求和挣扎，达到他对难以排解的内心愤懑之情的宣泄。

“文章憎命达”,“愤怒出诗人”。悲惨的人生际遇促就了李贺的写马诗篇，也正是通过咏马，读者可以感觉到诗人李贺这位呻吟在时代重磐之下的凄苦灵魂，只有在写诗之后肉体疲惫之余才能获得片刻的宁静和喘息！他赞美那些神异的赤兔、汗血宝马等，借以表达希求立功沙场的壮志和对英雄的景仰；他讥笑那些“肉马”“蹇蹄”，借以表达对当道小人的指斥；而那敲骨带铜声，只能在郊野吃食带刺败叶的瘦马，则是他才智俱佳而不遇伯乐、穷苦困顿的自我写照。

妙喻讽世鸣不平

——唐韩愈《马说》

世有伯乐，然后有千里马。千里马常有，而伯乐不常有。故虽有名马，只辱于奴隶人之手，骈死于槽枥之间，不以千里称也。

马之千里者，一食或尽粟一石。食马者，不知其能千里而食也。是马也，虽有千里之能，食不饱，力不足，才美不外见，且欲与常马等不可得，安求其能千里也？

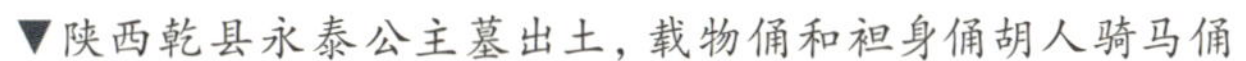
▼陕西乾县永泰公主墓出土，载物俑和袒身俑胡人骑马俑

▲韩愈雕像

策之不以其道，食之不能尽其材，鸣之而不能通其意，执策而临之，曰："天下无马！"呜呼！其真无马邪？其真不知马也！

世上先有伯乐，后有千里马。千里马经常有，可伯乐却不常有。即使有千里马，也只能在仆役中受屈辱，和平常之马一起死于马厩之中，不能以千里马著称。

一匹日行千里的马，有时一顿能吃一石食。喂马的人不懂得千里马的食量来喂养它，这样吃不饱、气力不足的马，即使有日行千里的能力，也无法正常发挥，如何要求它日行千里？

没有正确的方法鞭策它，没有足够的食量喂养它，听其嘶叫却不通其意，却拿着鞭子在它面前感叹："天下没有千里马！"唉！难道果真没有千里马吗？恐怕是不识得千里马吧！

作者利用三个自然段简单明白地表明了三层意思：一是慨叹伯乐的罕有，二是描述了千里骏马的悲惨境地，三是对于那些阻塞贤路的昏庸之辈表示了极大的义愤。全文虽不长，但其中有慨叹，有讽刺，有设问，有怒斥，具有七开八合之变与百转千流之态，并一环紧扣一环，一波三折，反复论证，具有雄辩家的风格。开篇正面立论，指出了伯乐与千里马之间的主次关系。然后展开议论，围绕着千里马一展雄风所需具备客观条件进行论述，紧接着又从饲马人的角度进一步阐发，提出了策必以其道，食必尽其食，鸣必通其意的方法。全文充分运用了比喻论证的文学手法，分析透彻，寓意深刻，笔锋活泼，层层深入，形成了极为丰沛的感染力与艺术效果。

这篇妇孺皆知的短文是韩愈诸多散文中较为著名的一篇，雅俗共赏，有口皆碑。伯乐相马的故事在中国本属“陈言”之列。古代传说中把“伯乐”归为为二十八星宿里掌管马匹的神祇，反映出农业社会牲畜的重要性。到了春秋秦穆公时期，就开始把善于相马的人称为伯乐。韩愈以旧瓶装新酒的创新精神，发前人所未发，仅以区区百余言的一篇小品，便把千里马与伯乐之间的辩证关系，以及“千里马”们不幸的际遇摆到了中国社会政治生活的面前，使后代炎黄子孙再遇到有关“人才问题”的时候，都不能不涉及这篇语势凌厉、悲愤感慨的短文及其一句千金、不容置辩的思想内涵。

在韩愈所处的中唐时代，尽管科举制为中下层知识分子开辟了一条参政之路，但把持朝政的门阀贵族们仍然坚持朝廷上的重要职位在公卿子弟中选择，白衣秀士很难厕身其间。《马说》写于唐贞元十一年（795年）至十六年（800年）之间。当时韩愈初登仕途，不得志。曾经三次上书宰相求擢用，但结果是“待命”40余日，而“志不得通”，“足三及门，而阍人辞焉”。尽管如此，韩愈仍然声明自己“有忧天下之心”，不会遁迹山林。他依附于宣武节度使董晋、武宁节度使张建封幕下，终未被采纳。后来，他又相继依附于一些节度使幕下，再加上朝中奸佞当权，政治黑暗，才能之士不受重视，郁郁不得志有“伯乐不常有”之叹。在《马说》中，他托物言志，以千里马不遇伯乐比喻贤才难遇明主，讽喻当世不知用人，寄托了自己愤懑不平和穷困潦倒的情怀，感叹自身怀才不遇，抒发了自己强烈出仕的愿望。他希望当朝者能够给予他合适的机遇，便于发挥其“千里马”的才能，以达到“道济天下之溺”的人生政治理想。

作为唐代文坛极负盛名的文学家，韩愈对马有所偏爱，其文学作品中涉及马的诗篇有百余篇，其中，最为有名的作品首推《马说》，其次还有《左迁至蓝关示侄孙湘》《入关咏马》《马厌谷》《题张十一旅舍三咏》《过鸿沟》《次石头驿寄江西王十中丞阁老》和《招杨之罘》等名篇佳作。

韩愈文中的“马”意象，约有两种。一种是表达强烈的出仕愿望，如《马说》与《入关咏马》一诗。在《入关咏马》中，作者以物喻人，借一匹老马，感叹自己的命运多舛，体悟到“力微当自慎前程”，虽近暮年却仍意气风发、壮心不已，有强烈的出仕之心。另一种为抒发个人悲怆情怀，此类主题占据了韩愈关于马诗文的较大比重。公元819年正月，韩愈因谏迎佛骨遭贬为潮州刺史。韩愈接诏不能在长安久留，当天就收拾行李，辞别亲友，携带家眷及几个仆人匆匆上路。一出长安，一场铺天盖地的大雪悄然降临，即刻掩盖了古道尘土，淹没了蓝田秦岭古道的高塬与沟壑。车轮陷于大雪覆盖的古道沟岔之中，任凭驭手怎样挥鞭，几匹老马只是仰天长嘶，再也不能举蹄前行。韩愈望着群山峻岭的旷野，陷入了前所未有的困境。据说，就在他万般无奈之时，看见远处一匹快马飘然而至，马上坐着的竟是他的侄孙韩湘。韩愈百感交集，他看着韩湘，面对群山，吟出了《左迁至蓝关示侄孙湘》这首千古名篇。其他诸如“野马不识人，难以驾车盖”“马思自由悲，柏有伤根容”“行看五马入，萧飒已随轩”“可怜此地无车马，颠倒青苔落绛英”“马蹄无入朱门迹，纵使春归可得知”“人由恋德泣，马亦别群鸣”“翩翩走驿马，春尽是归期”“裘破气不暖，马羸鸣且哀”等诗句，作者韩愈往往以马自喻，表达人生坎坷无常、悲凉落寞的凄苦心境。

除了在文学作品中创作了大量有关马意象的题材外，韩愈还在个人的人

▼内蒙古呼和浩特征集的唐代灰陶鞍马

生阅历中与马结缘，留下了许多生动的与马有关的故事和传说。普宁名胜古迹之一的马嘶岩寺，据说韩愈曾至此相访。马嘶岩前原韩愈拴马石的地方建起过歇马亭，为这座寺增添了不少名气。从唐朝至清朝，马嘶岩香火很旺，流传有灵光寺拍牒马山寺盖印之称。韩愈被贬潮州之时，正逢潮州当地大雨成灾。他骑马查看灾情，吩咐随从张千和李万紧随他的马后，凡马走过的地方都插上竹竿，作为堤线的标志。百姓赶来时，插下竹竿的地方已拱出了一条山脉，堵住了北来的洪水，百姓纷纷传说："韩文公过马牵山。"这座山，后来就叫作"竹竿山"。

马仿佛作为一种印记，深深地融入了韩愈的血液里，成了他人生长河中丰富的文化养料。正是因为马的意象之多姿多彩性，使得韩愈平添了几分传奇色彩，也丰富了韩愈的全面人生。马与韩愈，相互成就，和谐共存，相得益彰。

血肉丰满传奇马

——唐传奇《韦有柔》

建安县令韦有柔，家奴执辔，年二十余，病死。有柔门客善持咒者，忽梦其奴云："我不幸而死，尚欠郎君四十五千。地下所由，令更作畜生以偿债。我求作马，兼为异色，今已定也。"其明年，马生一白驹而黑目，皆奴之态也。后数岁，马可值百余千，有柔深叹其言不验。顷之，裴宽为采访使，以有柔为判官。裴宽见白马，求市之。问其价值，有柔但求三十千，宽因受之。有柔曰：

▼华清池歌舞石雕

“此奴尚欠十五千，当应更来。”数日后，宽谓有柔曰：“马是好马，前者付钱，深恨太贱。”乃复以十五千还有柔。其事遂验。

▲唐三彩绞胎釉陶狩猎骑马俑，1972年出土于陕西乾县懿德太子墓，现收藏于中国国家博物馆

传奇是唐代兴起的新体小说，其叙事曲折细致，形象鲜明生动，讲究文采和意象，鲁迅曾概括为“叙述宛转，文辞华艳”。今存唐人传奇，多被收集在宋初李昉等人编纂的《太平广记》中。唐传奇中的马意象具有自己独特的魅力，其数量虽远远不如唐诗马意象出现得频繁，但因依托其文学体裁的优势，在唐代诗歌马意象之外开辟了一片新的天地。

在《韦有柔》篇中，讲建安县令韦有柔的家奴欠主银四十五千，死后投胎为马以此还债。所投生之马，白驹黑目，与家奴生前极为神似。几年后，该马市值百余千，远远超出所欠之债，韦有柔不信其还债之言，三十千卖与其友裴宽。后裴宽深觉价格太低，又补交了十五千，前后所加数额，刚好是家奴所欠的数额，验证了畜身还债之言，强调了诚实守信、欠债必还的道理。文中的马转世还债的文化意象反映了唐人对于基本道德伦理秩序的尊重和追求。《太平广记》中记载了多则同母题畜身还债的传奇故事，虽情节有简有繁，略

▲女性在唐传奇描述中占有重要地位，图为唐代仕女装饰浮雕

有差异，但整体梗概及核心思想却高度相似。其创作母题多为主人公生前债务未清，内心愧疚且惧于生前作恶会被打入畜生、饿鬼、地狱的“三恶途”中，受尽磨难，影响其转世轮回。主人公便以马身再次转世，或勤苦劳作为债主服务一生，或作为财富被出售，偿清债务，换来魂魄的安息。

例如，在《卢从事》中，讲述了岭南从事卢传素收养了一匹遭人遗弃的黑马，最初体弱多病，后经调养数年后，体格健壮。黑马知恩图报，勤恳劳作，深得主人厚爱。一日黑马开口讲话，言及其为传素外甥转世投胎所来，此番而来专门是为了还生前欠传素之债。几年的辛劳先偿还一部分，余下部分希望传素在其老死前将其变卖，从此“既食丈人粟，又饱丈人刍。今日相偿了，永离三恶途”。故事对马之形象没有描述，通过故事来渲染马之神性，讲述欠债还钱的朴素道理。

值得一提的是，此类转世轮回、畜身还债的母题故事中，皆对钱财数目多有提及。《韦有柔》中，一半笔墨都在渲染“四十五千”的债务算计上。这虽是叙事情节前后的契合，更深层次地体现了唐人逐渐萌发的商品意识、价值意识等经济观念；《卢从事》中，几年辛劳偿还部分，与老死前变卖数额相加，亦是还债之数额；《吴宗嗣》篇中，欠债之人化作白马驹，“卖之，正得吏所欠钱”，强调偿还数额恰好等同债务数额，与《韦有柔》不谋而合。文学故事中的点滴细节，皆是所处时代的告白。

除此之外，唐传奇中，亦有借助马意象讲述以“善恶有报、惩恶扬善”母题的故事。强调了因果报应，并将这种善恶有报的故事影射到统治阶级与被统治阶级之间的对立关系，或强者与弱者之间的对立关系，对统治阶级或欺凌弱小者以严正警告。《韦玭》篇中，塑造了一个不学无术却喜好征服烈马的公子哥韦玭。他征服烈马的手段不是善待智取，而是赤裸裸的暴力威胁，用铁鞭肆意伤害马匹，骄奢残暴，白马伺机报复，与其同归于尽。

故事对于马的行为动作的描写极为精细，并从马匹的动作中反映其心理，体现出其思考过程。如，专门选择了韦玭“复遗铁鞭，酒困力疲”的有利时机，复仇方式是在自己力所能及的前提下设定，将韦玭逼上大树，再试图挖倒大树；复仇的决心和力量无法阻拦，宁可舍命也要复仇。通篇塑造出一匹有策略、有勇气的骏马形象，肯定了弱者以暴制暴、反抗压迫以维护自身尊严的社会现象。

不可否认，唐传奇最兴盛的时期是中唐。此时期的文人士大夫对社会对人生都不再那么抱有浪漫主义的期望，寻求现实世界以外的心灵寄托，佛教能在此时期继续蔓延滋长就源自于这样的文人与民众心理。唐传奇作者所虚构的艺术世界，可以让他们在其中幻想人生、解释人生，表达对人生的种种看法。唐传奇中的马意象反映了天马神马等崇高非凡的马有其自由的天性，不会轻易为凡尘世俗所羁绊。此类马意象不再强调马在伦理道德秩序上的示范作用，而是将更大的热情投入到了对马匹神异色彩的描述之中。

在这类意象之中，神马天马似乎有自己的运行轨迹，何时降落凡间，与何人以何种形式产生了怎样的际会，再于何时离开，似乎冥冥之中早有安排。凡人只能遵照这种规律，接受这种安排，否则，小则人财两空，大则伤及性命。这类意象颇有宿命论的味道，是将神马天马的神秘尊贵、不可预测和不可掌握最大化，将

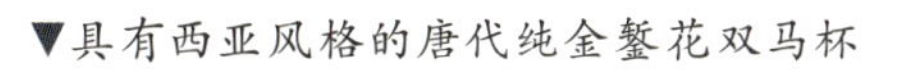
▼具有西亚风格的唐代纯金錾花双马杯

人的能动性最小化。《于远》篇中，讲述了家财万贯的于远邂逅天马的故事。于远重金购一骏马，一老妪却上门称这匹马是“北邙山神”为答谢老妪而赠，其“奇毛异骨”“异马如飞”，是一匹神马。于远舍不得这匹神马，恳求老妪稍作逗留，容他赏玩几日。老妪诅咒其留马必有灾祸。果然，数日后，于远家莫名发生大火，家产尽毁。在熊熊火光之中，于远看见老妪骑神马腾空而去，大火立即熄灭。在这个故事中，神秘莫测的马意象体现出神性的自由，不受羁绊。马之神性高于公平正义，体现了古人对冥冥之中的神性力量的敬畏。唐传奇中塑造这类“神马”，不言神马来自何方、因何而来，不言神马为何离去，不言神马去向何处，来去无踪、喜怒无常、无迹可寻。在情节塑造和艺术手法上虽有其局限性，但是在拓展马意象题材的丰富性方面有积极意义。

伴随着唐代社会经济生活的进步与富裕，特别是大城市的出现，佛教文化和与之相关的变文讲唱活动繁盛，科举中的“行卷”“温卷”之风兴起，文化消费日益高涨，对唐传奇创作的兴盛产生了积极的影响。较之唐诗中的马意象，唐传奇作品容量大，塑造的马意象有性格、有谋略、有立体感，层次更多，意象更加丰满，更加耐人寻味。在古文的章法笔致、叙事诗的叙描手段、抒情诗的意象创造中，一匹匹血肉丰满的马意象，讲述着大唐盛世，讲述着神奇灵异的传奇故事。

年年买马阴山道

——唐白居易《阴山道》

阴山道，阴山道，纥逻敦肥水泉好。
每至戎人送马时，道旁千里无纤草。
草尽泉枯马病羸，飞龙但印骨与皮。
五十匹缣易一匹，缣去马来无了日。
养无所用去非宜，每岁死伤十六七。
缣丝不足女工苦，疏织短截充匹数。
藕丝蛛网三丈余，回鹘诉称无用处。
咸安公主号可敦，远为可汗频奏论。
元和二年下新敕，内出金帛酬马直。
仍诏江淮马价缣，从此不令疏短织。
合罗将军呼万岁，捧授金银与缣彩。
谁知黠虏启贪心，明年马多来一倍。
缣渐好，马渐多。阴山虏，奈尔何。

诗文中的“阴山道”，是草原丝绸之路的南北连接线，是历史上极为重要的交易通道，因此地“肥水泉好”，唐政府与回纥曾在此地进行过频繁的马贸易。《旧唐书・回纥传》记载：“回纥恃功，自乾元之后，屡遣使以马和市缯帛，仍岁来市，以马一匹易绢四十匹，动至数万马。其使候遣继留于鸿胪寺者非一，蕃得帛无厌，我得马无用，朝廷甚苦之。”《新唐书・兵志》记载：“乾元后，回纥恃功，岁入马取缯，马皆病弱不可用。”唐与回纥之间的马贸易削弱了唐日益衰微的国势，白居易写此诗予以猛烈抨击。

据《旧唐书》记载，唐朝先后用去上百万匹绢，来购买回纥的马。元稹曾在他的《阴山道》一诗中更是开篇直言：“年年买马阴山道，马死阴山帛空耗。”为此，白居易感慨“五十匹缣易一匹，缣去马来无了日”，“藕丝蛛网三丈余，回鹘诉称无用处”，“谁知黠虏启贪心，明年马多来一倍”，回纥把持着阴山道，感叹明知双方贸易不公，却能“奈尔何”！白居易诗中的“元和二年”（807 年），距离《旧唐书》和《新唐书》所记载的乾元（758 年至 760 年）已有近 50 年时间。在这段时间中，唐朝因受马贸易之害，财政和军事力量受到直接影响，积贫积弱。白居易通过揭露明知亏损却仍不得不进行的马贸易，批判了回纥的贪婪，对弱势的统治者怒其不争。

纵观白居易的诗文，其马意象十分丰富，其中蕴藏了较为深厚的马文化和诗人蕴藉深远的寄托之意，在中晚唐诗歌里的马意象中，有其一定的代表性地位。在谢思炜撰《白居易诗集校注》中的 2969 首诗（含补遗）中，有马

▼阴山上用以防御的长城和道路

出现的共338首。其中，马的形态多种多样：肥马、瘦马、鞍马、牂牁马、叱拨驹、骢马、枥马、驷马、竹马、轩骑、骓、骆、骏、骖、骅骝、紫骝、骐骥、駮……不仅有种类繁多的良马，还有象征着忠诚与美德的骐骥，甚至还有传说中“状如白马，锯牙，食虎豹”的神兽駮。

▲年年买马阴山道

《尚书·尧典》云：“诗言志。”诗歌可以抒发作者的意志，而诗中客观物象为诗人的主观思想感情所渲染，也会反映出诗人的人格特征和审美意趣。白居易诗中的马意象很好地体现了这一点。在唐朝尤其是中晚唐特定的历史文化背景下，白居易诗中的马不仅反映了他的行踪经历，更寄托了他对时政人事的诸多复杂情感。他诗中的马十分丰富，名称众多，或多骏或羸弱，或恣肆或悲戚，或急驰或闲行，均有其特指意味。在他的《八骏图》中，写道：“穆王得之不为戒，八骏驹来周室坏……八骏图，君莫爱。”借用周穆王的典故，先写八骏风采，再写周穆王乘八骏远游，不顾国事，玩物丧志，以此劝谏君王切莫贪图一己之愉，以致朝纲松弛。在《秦中吟十首·轻肥》中，写马“意气骄满路，鞍马光照尘”。在中晚唐时期，宦官专权，权臣当道，象征着高贵身份

▲白居易诗中的马反映了他的行踪经历，更寄托了他对时政人事的诸多复杂情感

的马，马仗人势，骄横跋扈，可恶可怖。《悲哉行》中，诗人用“声色狗马外，其余一无知”表达官宦子弟的不学无术，一语中的，毫不留情，诗歌的讽刺主旨在这一句中得以直接展现。

在多情而敏感的诗人心中，行马不易，物伤其类，万物皆有灵。马可以体会到人类内心的伤痛，人类也可以通过马的外在表现反思自身，实现一种特殊的共鸣。在白居易诗《元相公挽歌词三首》其三中，“送葬万人皆惨澹，反虞驷马亦悲鸣”，诗人回忆当时为至交好友送葬的场面，他并没有直接写自己的悲伤，而是从马的悲鸣入手，渲染凄惨气氛，不知是人的惨痛感染了马，还是忠诚的马儿感动了人。这首作于元稹去世次年的诗歌，对马悲鸣的描写是点睛之笔。

白居易所作《往年稠桑驿曾丧白马题诗厅壁今来尚存又复感怀更题绝句》，是为了悼念一匹跟随多年的白马，“马死七年犹怅望，自知无乃太多情”。马死七年之后，诗人仍然为此神伤，人马之间的情感不言而喻。此外，诗人更善于通过对病马、弱马等特殊意象的描写，深层地表现出对小人当道，导致贤德之士无用武之地的愤懑无奈。在《羸骏》中，“向风嘶一声，莽苍黄河曲”，是何等的悲伤。昔日的骏马，因无人喂养而下场凄惨，却早已没有“老骥伏枥，志在千里”的壮志雄心。诗人一次次地强调它的走投无路，讽刺了统治者的识人不清，为贤臣不容于世的悲哀而扼腕叹息。

“文章合为时而著，歌诗合为事而作”是白居易著文写诗的目的，反映现实就成为他诗歌的一个重要内容。安史之乱后，唐朝国力衰退，宦官专权，藩镇割据，外患不断。在《阴山道》中，白居易的马意象不再是兴寄对象，而是实实在在的本义，通过对马的描写，展现了当时的混乱时局。马作为曾经被寄意日行千里、金戈天马、老马悲鸣等的文化符号，在此诗中成了不平等交易的等价物。《阴山道》语言通俗易懂，“直歌其事”，诗中的马具有了强烈的讽刺性，反映了在当时这场绢马贸易中“五十匹缣易一匹”的不平等，描述了当时唐政府“拒之即立为边患，受之即王府空竭”的尴尬处境，对于研究当时唐与西北少数民族的贸易往来具有重要的史料价值。

悠悠古道，讲述千年往事。古道上商品交易的回纥马，被诗人白居易所引用，用以抨击唐与回纥之间不平等的贸易往来，表达了作者对弱势统治者怒其不争的失望，从独特的角度映射了当时的社会现实，发出“阴山虏，奈尔何”的哀叹。

西郊寒蓬养神骥

——唐李贺《吕将军歌》

▼唐三彩釉陶带犬男骑马俑，1960年陕西省乾县唐永泰公主墓出土，陕西历史博物馆藏

吕将军，骑赤兔。

独携大胆出秦门，
金粟堆边哭陵树。

北方逆气污青天，
剑龙夜叫将军闲。

将军振袖拂剑锷，
玉阙朱城有门阁。

榼榼银龟摇白马，
傅粉女郎火旗下。

恒山铁骑请金枪，
遥闻箙中花箭香。

西郊寒蓬叶如刺，
皇天新栽养神骥。

厩中高桁排蹇蹄，
饱食青刍饮白水。

圆苍低迷盖张地，
九州人事皆如此。

赤山秀铤御时英，
绿眼将军会天意。

这首《吕将军歌》中，诗人李贺直接以名将对应宝马，是唐代咏英雄的歌辞中，以马为意象壮其形色的代表作。诗中，英勇无敌的吕将军骑一匹赤兔马，借赤兔马的骁勇将吕布来做类比，称赞吕将军如吕布般英勇善战。此外，又引《世说新语》中的典故，姜维死后尸体被解剖，胆大如斗，比喻吕将军英雄胆略，无所畏惧。

▲李贺雕像

正是这样的豪勇之士，却孤独地走出长安城门，前往金粟山，在安放着先帝唐玄宗灵柩的陵墓前哭诉。而此时，北方藩镇割据，气焰污浊青天，正是国家需要勇士保家卫国的重要时刻。吕将军这般英勇侠义之人却被闲置排挤，只能独坐于此，挥袖出手，轻轻抚摸剑刃。而散发着寒光的剑刃似乎通晓人意，也为吕将军鸣不平，发出龙鸣虎吼的声响。

宫门重重，阻隔难进，将军空怀一纸奏疏，方方正正的银印雕着龟纽，身骑白马，来回转悠。宦官监军身立火旗下，懦弱猥琐的腔调令人冷气倒抽。驻扎在恒州的叛军人强马壮，单骑冲到阵前，挑衅请战，金枪摇晃，那小将还远远地闻到监军箭菔中花箭的芳香。正是这西边郊野叶如刺芒的枯黄蓬草，用它来喂养神马，而马厩中，木架高悬，蹇蹄之马排列成行，却吃着青草，饮着清澈的白水，匹匹被养得白白胖胖。

苍莽的天空盖着大地，浑浑噩噩的九州大地人事也是如此般迷糊。赤堇之山破而出锡，若耶之溪涸而出铜。欧冶子冶剑，就用这赤山秀铤之物，制成的宝剑命世英器。作者在诗末感慨：吕将军啊，你虽然也有吴帝孙权的碧眼紫髯，可你也要明白，当今废弃武将不用，或许也是天意吧！

▲唐代石雕马，青海省博物馆藏

诗文现实性很强，有感于当政者任用宦官，排斥贤能而作。元和四年（809年），藩镇王承宗在恒山反叛，唐宪宗皇帝派遣最宠信的宦官吐突承璀、宋惟澄等率兵进讨，朝臣纷纷反对。白居易曾上书谏曰："国家征伐，当责成将帅。近岁始以中使（宦官）为监军。自古至今，未有征天下之兵，专令中使统领者也"（《资治通鉴》卷二百三十八"元和四年十月"条）。诗人李贺借此诗讽刺宦官统兵，对空有报国热情而不被重用的吕将军的不幸遭遇寄予无限的同情，嘲讽了"傅粉女郎"的无能，进而揭露了社会的黑暗。

就本诗的艺术性而言，此诗主要运用对比手法，不仅有吕将军和宦官将军的对比，也有神骥和劣马的对比，通过对比手法表达诗人的爱憎，增强批判力度。同时，又运用比喻对用宦官做主帅这一荒唐举动进行讽刺，如不说其懦弱，而言其为"傅粉女郎"，诗人又用神骥和劣马比喻贤才和庸才，自然而然地得出糟糠养贤才的结论。结尾"九州人事皆如此"，用呼号来为吕将军鸣不平，更是认识的升华，是诗人对朝廷黑暗的本质概括。

英雄骑宝马，宝马衬英雄。马与人的威力紧密结合，《太平广记》卷一百九十一记载："忠武将军辛承嗣轻捷。曾解鞍绊马，脱衣而卧，令一人百步，走马持枪而来。承嗣鞲解绊，着衣擐甲，上马盘枪，逆拒刺马，擒人而还。承嗣后与将军元帅奖驰骋，一手捉鞍桥，双足直上捺蜻蜓，走马二十里。与中郎裴绍业于青海被吐蕃围，谓绍业曰：'将军相随共出。'绍业惧，不敢。承嗣曰：'为将军试之。'单马持枪，所向披靡，却迎绍业出。承嗣马被箭，乃跳下，夺贼壮马乘之，一无所伤。"名将的英勇一刻也离不开良马的配合，战马与战将的默契配合，写马实则写人。吕将军身骑白马徘徊于宫门之外，白马蹀步盘旋，亦是将军无奈停步的写照。猛将之马所食是西郊野外叶如刺芒的枯草，境遇惨淡，正如不被重用的将士，一贬再贬，无用武之地。而当道的无能小人却如蹇蹄之马，享受着富足的生活补给，祸害朝政。

文人咏叹功业的情结是作品中频繁出现马意象的精神基石，宝马英雄更是咏叹不衰的文学创作母题。从赵武灵王胡服骑射，加强对骑马文化的大力变革之后，一车多马的骑射方式被一人一马所代替，英雄与马的关系被进一步定格，形成了一个具足完整的审美对象——宝马英雄，并一度成为历代文人

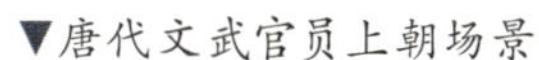
▼唐代文武官员上朝场景

文学卷

咏叹的主题。《三国志·吕布传》引时人语曰:“人中有吕布，马中有赤兔。”梁代横吹曲辞《折杨柳》歌云“健儿须快马，快马须健儿”，以及俗谚“月下看美人，马上看英雄”，都是这一审美模式的体现。“人马紧密结合，相得益彰”的创作模式成功促发了后代诗人对这一审美模式的歌颂与隐喻,《吕将军歌》亦是其中的典型。

隋唐两朝君主与游牧文明有着深厚的血脉之源，李唐贵族久居关陇，以武开国，民俗崇尚武力骑射。尚马之风、喻马之情的文化审美风尚决定了唐代君臣贞刚勇武、崇尚武功的精神气质。诗人们亲历戎旅，将与军旅生活密切相关的马意象频频带入诗作，带入自我情感的抒发与感慨中，即便是“圆苍低迷盖张地，九州人事皆如此”的荒唐乱世，神马配英雄依旧是千古不亘的文学母题。

骏马嘶鸣入使衙

——唐韦庄《代书寄马》

驱驰曾在五侯家，见说初生自渥洼。
鬃白似披梁苑雪，颈肥如扑杏园花。
休嫌绿绶嘶贫舍，好著红缨入使衙。
稳上云衢千万里，年年长踏魏堤沙。

▼韦庄塑像

曾在权贵豪门见到过策马快奔的骏马，据说它初生于产神马的西北。马鬃闪烁发光，寒光似雪，颈部健壮，肌肉颤动时如园花涌动。莫嫌宝马嘶叫，它不是嫌弃主人家贫，而是希望嘶叫声能引起重视，好着红缨入沙场。作者借宝马表达自己志向于建功立业，希望能在政坛驰骋万里，常踏魏王堤。

诗人韦庄，长安杜陵（今陕西西安）人，是唐末五代诗坛上的一位著名诗人，著有《浣花集》10卷，诗作300余首。韦氏为唐代名门望族，韦庄幼年时家境尚好，居于长安御

▲《两位骑马人》为唐代佚名画家的水墨纸本画，现藏于法国吉美博物馆

沟之侧。在韦庄的《途次逢李氏兄弟怀旧》诗中，他这样描述自己幼年时的生活，“御沟西面朱门宅，记得当时好弟兄。晓傍柳阴骑竹马，夜偎灯影弄先生”。可见此时期的韦庄家境尚好，过着平静安详的生活。唐咸通三年（862年），14岁的韦庄参加了本年春试，落第后若干年间，主要是在长安一带游乐。期间，韦庄父亲亡去，家道中衰，陷入“孤贫”之中。为了生计，约咸通七年（866年），韦庄率弟弟妹妹到虢州定居。

韦庄在虢州一居十年，未再赴考，过着恬静、悠闲的乡村生活。待弟弟妹妹们自立后，他又重返举场。“虽有远心长拥篲，耻将新剑学编苫”。饱读诗书的他，并不愿意久居人下，谁知次年春，面临又一次落第的窘境。儒家文化的教育，进士科举的诱惑，将其牢牢地拴在了这辆不知止境的战车上。社会的动荡，民众的呻吟，都与他无关，他成了一个脱离社会钻进科举这一牛角尖的“隐士”。

唐乾符六年（879年），韦庄自江南回到长安后，继续奔波于场屋之中。随着农民起义军的节节胜利，唐王朝的统治已风雨飘摇，“几时闻唱凯旋歌，处处屯兵未倒戈”。此时的韦庄不得不注意社会与现实了，在诗歌中对往日崇尚的朝廷表现出极大的担心与不满。黄巢军攻破潼关后，韦庄于次年春东往洛阳。流离奔波之余，韦庄开始伤时感事，“乱离俱老大，强醉莫沾襟”。洛北村居，使他冷静地认识了现实，从自我的小圈子中走了出来，写下了大量的纪实之作，堪称诗史。其中，有对时代大事的记录，也有对两京变迁的叙述，更有对官军暴行与官府丑恶的指陈。尤其是其《秦妇吟》，完整地叙述了黄巢起义军进入长安前后的情况，是我国古代叙事诗的上乘之作，足以补史传之不足。

观韦庄一生，跌宕不安，每一时期都有相应的诗作、词作问世。《代书寄马》中所述之马，“鬃白似披梁苑雪，颈肥如扑杏园花”，其富态神骏却被闲置不用，暗喻了诗人自己的处境。唐代诗人仕途显达的较少，大多数沉沦下僚，坎壈终生，因之希冀被任用的强烈渴望，不受知遇的抱怨嗟叹，往往借对宝马的吟咏得以宣泄。这类文学化描述，有两个基本特点。一是对马的外形的勾勒，富贵之态的多于穷愁之貌，刻画中往往表现出宝马养在帝王将相的富贵之家，待遇优厚，“驱驰曾在五侯家，见说初生自渥洼”，而且，马的形体是肥硕富态，而非筋骨棱棱，“鬃白似披梁苑雪，颈肥如扑杏园花”。另一个特点是宝马意象往往寄托了诗人对仕途的某种感喟，渴欲受知、一展宏才的理想总是不自觉地流露出来，“休嫌绿绶嘶贫舍，好

▼托果盘侍女图，出土于陕西富平县房陵大长公主墓

著红缨入使衙”。宝马富丽神骏，意气风发，格调高扬，充满乐观情调，“稳上云衢千万里，年年长踏魏堤沙”，使宝马沾染了诗人的气质。

▲唐代笼冠骑马俑，西北大学博物馆藏

作为一个于唐末五代的乱世中漂泊困顿大半生的文学家，他的人生经历是丰富而坎坷的；作为一个大唐亡国的臣子归附于西蜀的文学家，他的情感体验是矛盾而复杂的。韦庄的文学作品，带有花间艳词的风格，亦保留了自己的特点，写作中多有自我写照，以抒写个人的真情实意为主，用白描的手法抒写个人真切情感。“鬃白似披梁苑雪，颈肥如扑杏园花”，寥寥数笔，勾勒出神骏之富态。用常见的“苑雪”“园花”意象，描述言辞难以表述的马态，可谓极致。刘大杰先生曾说：“他（指韦庄）所用的都是通俗质朴的言语，没有一点浓艳的颜色，没有一点珠宝的堆砌，因而成为白描的高手。”在诗作的布局谋篇上，韦庄清空善转，通篇诗词只有一种完整的意思，多用动词连接，使得脉络十分清晰，结构条贯完整。“嫌”“嘶”“著”“入”“稳上”“长踏”，以暗转笔法承接，借宝马的嘶鸣表达自己的心声。

韦庄饱历艰辛，复遭去乡亡国之痛，其作品侧重直接抒写自我情怀意绪，表现特定的人生内容，寄寓故国家乡的深沉眷念，正是坎坷流离的人生，造就了其诗文的不朽。

嘶向秋风病马哀

——唐曹唐《病马五首呈郑校书章三吴十五先辈》

▼《备案侍行图》，陕西三原县李寿墓出土，是已发掘的唐墓中年代最早的一座

騄耳何年别渥洼，病来颜色半泥沙。四啼不凿金砧裂，双眼慵开玉箸斜。堕月兔毛干觳觫，失云龙骨瘦牙槎。平原好放无人放，嘶向秋风苜蓿花。

陇上沙葱叶正齐，腾黄犹自跼羸啼。尾蟠夜雨红丝脆，头捽秋风白练低。力惫未思金络脑，影寒空望锦障泥。阶前莫怪垂双泪，不遇孙阳不敢嘶。

不剪焦毛鬣半翻，何人别是古龙孙。霜侵病骨无骄气，土蚀骢花见卧痕。未喷断云归汉苑，曾追轻练过吴门。

一朝千里心犹在，争肯潜忘秣饲恩。

空被秋风吹病毛，无因濯浪刷洪涛。卧来总怪龙蹄跙，瘦尽谁惊虎口高。追电有心犹款段，逢人相骨强嘶号。欲将鬐鬣重裁剪，乞借新成利铰刀。

病久无人著意看，玉华衫色欲凋残。饮惊白露泉花冷，吃怕清秋豆叶寒。长襜敢辞红锦重，旧缰宁畏紫丝蟠。王良若许相抬策，千里追风也不难。

《病马五首呈郑校书章三吴十五先辈》（以下简称《病马五首》）是唐代诗人曹唐的重要诗作。清代诗评家薛雪曾指出：“《病马》诸作，极有意旨，才人不遇，应共低徊。”

《病马五首》之一，写此马本为“騄耳”骏马，无奈“病来颜色”憔悴，“四啼不凿金砧裂，双眼慵开玉箸斜”，马毛脱落“干觳觫”，马体消瘦似“牙槎”。诗末，作者厉色声称，这是“平原好放无人放”的结果。联系到当时社会真正的人才往往得不到重用的客观事实，正如好马得不到应有的饲养一样可哀可悲。

《病马五首》之二，写“陇上沙葱”叶茂，诸马皆沾惠养，独腾黄犹病困，致马尾盘曲于“夜雨”之中，“头捽秋风”似“白练”垂，“力惫”之时“思金络脑”而不可得，“影寒”之际切望“锦障泥”护身而落空，因“不遇孙阳（即伯乐）”，只得于阶前“垂双泪”而“不敢嘶”。

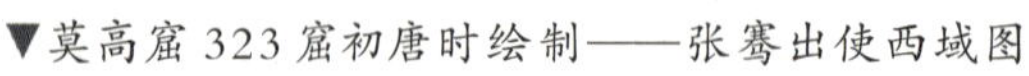
▼莫高窟323窟初唐时绘制——张骞出使西域图

《病马五首》之三，写“曾追轻练过吴门”的良马不幸得病之后，“不剪焦毛鬣半翻”，外形大变，世俗庸人不能认识或不愿承认其为“古龙孙”神马。加之“霜侵病骨”何等残忍，“土蚀骢花”卧痕斑斑。马体有病，但马心犹存，只要有人为之“秣饲”，“一朝千里心犹在”，仍可驾车奔跑，为主人效劳。

▲唐代金栉，中西文化交流的物证

在《病马五首》之四、五里，诗人进一步抒写“曾追轻练过吴门”的良马，虽因“病久”“瘦尽”，但仍“追电有心”。作者通过组诗末联“王良若许相抬策，千里追风也不难”，向郑校书等在位的“先辈”，深致推荐援引之意，切望“相抬策”，以发挥其才力，报效国家，不负知己。

曹唐的《病马五首》组诗，描绘了“病马”困顿不堪的形象，抒发了“千里追风”的壮志，诉说了“不遇孙阳”，以致“毛色凋残”“骨瘦牙槎”的悲愤。这组诗塑造的病马形象，正如梁超然在《晚唐诗人曹唐及其诗歌》中所说，“实质上和李贺的《马诗二十三首》一样，是诗人的自我写照”，反映了封建社会里志士的怀才不遇、不幸遭遇与抑郁情怀。

晚唐诗坛上，曹唐诗独树一帜，“大播于时”，“曹公诗，在唐、宋时尝显矣”。其中，尤以《游仙诗》著名，在当时及后世都有较大的影响，以致后人写作《游仙诗》还要以曹唐的《游仙诗》为范本。清人厉鹗在《前后游仙诗百首自序》中说：“效颦郭璞，学步曹唐，前后所为，数凡三百首。”之所以如此，就在于曹唐诗歌较高的艺术成就。唐末诗评家张为在《诗人主客图》中，曾将曹唐列为“瑰奇美丽”一派的“入室”等第之中，不仅概括了曹唐诗歌艺术风格，而且点明了曹唐在晚唐诗坛中的重要地位。

曹唐诗歌构思新奇、想象丰富。在《病马五首》中，诗人发挥奇特的想象，表现病马“千里追风”“逐电”的异能，描写其“毛干觳觫”“骨瘦牙槎”的惨状，抒发其“双眼慵开玉箸斜”“不遇孙阳不敢嘶”的哀伤，成功地刻画了

“病马”的艺术形象。

元代辛文房言：“唐平生志甚激昂，至是薄宦，颇自郁悒，为《病马》诗以自况。”清人薛雪《一瓢诗话》中言：“《病马》诸作极有意旨，才人不遇，应共低回。”晚唐时期，由于唐王朝走向衰败，国力孱弱，边患迭起。曹唐生逢末世，一生坎坷，怀才不遇，但他不耿耿于个人遭遇，而是将目光投向国家，将家国安危和命运置于心中。《病马五首》中的“病马”落拓不堪、艰难困苦，是诗人的自我写照，但他没有沉溺于个人的不幸之中，而是关心国事，有一腔爱国之情。在第五首中，诗人以“千里马”“古龙孙”自视，胸怀“千里追风”的勃勃雄心，立志要干出一番惊天动地的大事业。只是由于“不遇孙阳”，所以才落得个“五华毛色欲凋残”的可悲下场。对于这样的落魄遭遇，他心中怀有不平，发而为诗，言语间自然就有一种慷慨悲凉的气氛。

联系曹唐的生平，曹唐由道士还俗后，汲汲于科举考试，但却久困场屋，空使岁月蹉跎，最后一事无成。从其所写不多的诗如《奉送严大夫再领容府二首》《送康祭酒赴轮台》《和周侍御买剑》等看出，曹唐具有很深的爱国情怀，

▼唐代彩绘陶俑马

对当时的藩镇割据、战乱不息，致使国防不守、屡遭外族欺凌的现实表现出了极大的愤慨。但由于自己志不得伸，所以才寄托于朝廷大员如严大夫、康祭酒、周侍御等，希望他们能够“不斩楼兰不拟回”，并对自己“无因得靸真珠履，亲从新侯定八蛮”而感到深深的遗憾。故而，曹唐以病马为喻而寓自己的不得意，有志难伸，清代黄周星评曹唐的《病马》诗曰：“尧宾《病马》诗共五首……皆不似说马者。无限伤心，惜不能尽载。”

明代胡震亨言：“晚唐人集，多是未第前诗，其中非是自叙无援之苦，即警他人成事之由。”时代所致，晚唐五代文人最大的命运之悲乃是他们的科场屡次失意，由落第而引起的才高位卑，无人援引，终身落魄。“病马”之“病”，将诗人寄人篱下、悲观失望的境地直表无遗，运用“慵开”“骨瘦牙槎”“影寒空望”等无人赏识之词，以“清秋”衬托衰飒、萧瑟之气氛。诗人这种衰飒落寞的语言色彩传达出萧瑟与凄凉的诗歌意蕴，令千载之后的读者一洒同情之泪。

春风化雨驭良马

——北宋欧阳修《有马示徐无党》

吾有千里马，毛骨何萧森。
疾驰如奔风，白日无留阴。
徐驱当大道，步骤中五音。
马虽有四足，迟速在吾心。
六辔应吾手，调和如瑟琴。

▼欧阳修蜡像

东西与南北，高下山与林。
惟意所欲适，九州可周寻。
至哉人与马，两乐不相侵。
伯乐识其外，徒知价千金。
王良得其性，此术固已深。
良马须善驭，吾言可为箴。

▲图为陈居中《苏李别意图》笔下生动的坐骑(局部)

这匹千里马，毛色光亮，马骨俊朗。马不停蹄时，疾驰如风吹过，慢步徐行时，如五音般协调。马虽有四足，但是或疾走，或慢行都尽在我的掌握之中。缰绳在我手中游刃有余，驾驶技术得心应手。天南海北、高山森林，只要愿意，千里马均可周寻。人与马，各有其乐，互不侵扰，良马必须得到良好的驾驭，这是最真挚的规劝。

言辞之中，多有殷切的劝勉之意。欧阳修以马喻人，示于徐无党。徐无党，北宋皇祐五年(1053年)省试第一，赐进士出身，少年时，曾跟随著名文学家欧阳修学古文辞。因天资聪颖刻苦勤学，学业进步很快，文章条理通畅，气势磅礴，深受欧阳修喜爱。欧阳修经常抽出时间指导他诵读诗书，并与他磋商学问，还常在背后称赞他："其文日进，如水涌山出，其驰骋之际，非常人笔力可到。"后来欧阳修撰《新五代史》，交徐无党注释，为后世史家所称颂。

史书记载，徐无党的主要贡献表现在文史上，其存世的著作有《内外集》，被《全宋文》收录了三篇，其精力主要花在为欧阳修的《新五代史》作注上。在《新五代史》注中，徐无党注重解释《春秋》笔法，阐述微言大义，在后代产生了较深远的影响。徐无党在为《新五代史》作注时，曾提出颇有价值的写史五标准："大事则书，变古则书，非常则书，意有所示则书，后有所

▲欧阳修致信徐无党

固则书。”也就是大事记的标准，为特别重大的事情、重大变革的事情、反常的事情、有重要意义的事情和可以让后人引以为戒的事情。现代人在编写年鉴时，选材一般用“大、要、新、特”为标准，这就吸取了徐无党的史学思想。徐无党的这一切作为与成绩，离不开欧阳修的循循教导。

自古以伯乐与千里马喻师生之谊。《有马示徐无党》诗中，“良马须善驭”，借用伯乐与千里马之典故，春风化雨，以马示生，教导徐无党。为师生涯，“至哉人与马，两乐不相侵”。欧阳修对徐无党的教育倾注诸多心血，欧阳修担任政府要职，经常要上朝、出访，不能经常与徐无党在一起，欧阳修就通过写信、写诗给以启发、指导。目前，欧阳修集中存有专门写给徐无党的书信有《答徐无党第一书》《答徐无党第二书》《送徐无党南归序》等 6 篇，均理切情真，既有赞许鼓励，又有批评告诫，指引着徐无党逐渐成为一名德才兼备的良才。

“吾言可为箴”。徐无党 18 岁那年，欧阳修写了《答徐无党第一书》，指出年少的徐无党治经方法是错误的，并详细举例剖析，勉励徐无党“吾子必能自思而得之”，体现了欧阳修授业严苛的师者之心；《答徐无党第二书》写给 19 岁的徐无党，欧阳修对徐无党学业上的精进予以褒扬，在信中娓娓道来些日常事务，用自己的为官理念与作风，默默影响着青年学生，告诉他日后要做什么样的人，这种生活渗透式教育方式达到了“润物细无声”的效果；1049年，徐无党25岁，与焦千之游西湖，欧阳修因病不能往，又写诗相赠；1053年2月，徐无党29岁，参加礼部考试荣获省元，欧阳修表示热烈祝贺。当年徐无党被任命渑池县宰，欧阳修连续写《送徐生之渑池》《与渑池徐宰无党其一》《与渑池徐宰无党其二》等诗勉励。他还写信给徐无党，与他商讨五代史修改注释事宜；《送徐无党南归序》写给30岁的徐无党，欧阳修特意作序给荣归故里的学生，意在警醒春风得意的高足，勉励徐无党思考人的终极价值，劝勉徐无党专心于文辞，要认真思考“修身、施事、立言”三者的层级关系，在以后的治学、为官之路上，正确调整自己的努力方向。

这首《有马示徐无党》，写于至和元年（1054年），徐无党被任命为渑池县令，欧阳修赏识徐无党，将徐无党比作千里马。“吾有千里马，毛骨何萧森。疾驰如奔风，白日无留阴。徐驱当大道，步骤中五音。马虽有四足，迟速在吾心。”这是对驯化之马的赞美，亦是对徐无党的赞赏。作为师长，欧阳修了解自己的学生，坦诚相待、体恤鼓励。在徐无党从少年到壮年的成长历程中，每到关键之处，欧阳修都会情真理切地或批评、或表扬、或提醒、或体恤、或帮助，谆谆教导言：“马虽有四足，迟速在吾心。六辔应吾手，调和如瑟琴。”“惟意所欲适，九州可周寻。”“良马须善驭，吾言可为箴。”字里行间能感受到一位儒家精神导师的拳拳之心。

欧阳修是北宋文坛泰斗，又是人品高尚的官员，他善于发现、培养人才，大力提携、奖掖后进，在北宋有口皆碑。欧阳修对徐无党的教诲、指导无微不至，感人至深，二人的深厚情谊，在史上被传为佳话。就欧阳修流传下来的诗文看，欧阳修对徐无党因材施教，在教学方法和教学态度方面，既热情鼓励，又严格要求，两者之间的分寸拿捏准确，使徐无党进步显著，其伯乐与千里马之喻，对今日之教育，仍有借鉴意义。

四马卒岁且无营

——北宋苏轼《韩幹画马赞》

▼苏轼蜡像

韩幹之马四：其一在陆，骧首奋鬣，若有所望，顿足而长鸣；其一欲涉，尻高首下，择所由济，跼蹐而未成；其二在水，前者反顾，若以鼻语，后者不应，欲饮而留行。

以为厩马也，则前无羁络，后无棰策；以为野马也，则隅目耸耳，丰臆细尾，皆中度程，萧然如贤大夫、贵公子，相与解带脱帽，临水而濯缨。遂欲高举远引，友麋鹿而终天年，则不可得矣；盖优哉游哉，聊以卒岁而无营。

▲韩幹《圉人呈马图》

韩幹是唐代著名宫廷画家，工于画马。自唐迄宋，时代邈远，珍籍难睹。几百年以后，苏轼得以一睹韩幹的马画，不禁被马的悠然姿态和画的奇妙境界所吸引，并由此感发了清雅的意兴和远深的畅想，写下了这篇别开生面、意趣盎然的画马赞。

前段文字干练明洁地描述了画中四马的神姿妙态。其中一匹在陆地上，头高高地昂起来，正摇动着鬃毛，好像在瞭望远方，它顿顿脚，继而高声地长鸣；另外一匹是跃跃欲试准备渡河之态，马臀抬高，马头向下，踱着小步子徘徊于河边，正在选择渡河的有利方位；剩余两匹已经进入水中，前面一匹正在回头看，好像是在用鼻子说话，而后面那匹马却不应答，似乎想喝水而留步不走。四马神态各异，有的昂首长鸣，有的下水探路，有的回头反顾，有的原地驻步。作者将前两匹分写，后两匹合写；前者勾勒动态，后者则状静态；前者在岸边陆地，后者却在水里；动者显其刚烈不羁的风骨，静者现其文静而细谨的性情。动静结合，高低相宜，前后有致，形象对比鲜明，构图错落疏朗，颇有战国议论散文纵横捭阖、繁笔铺排的遗风。

▲韩幹《牧马图》局部

第二段展开联想，以马喻人，使马更加气度非凡，并赞扬了热爱自然、超尘脱俗的生活态度。如果画卷上的四马是人为饲养的“厩马”，可是并无羁络约束，也无皮鞭鞭策；如果是野马，可是它们有棱有角，双耳高竖，胸脯丰满，马尾纤细，均合乎良马的标准，其戏水之态如贤大夫、贵公子临水清理衣装般超凡脱俗。四马眺望远方，仿佛要昂首傲世，和麋鹿为友而终享天年。它们就这样从容不迫，闲适自得，姑且到老、到死亦无所追求。

此段延展思维，推测议论马的性质，提炼文眼。是“厩马”还是“野马”，问而不答，引人深思。这种野性尚未脱尽的厩马，其实隐喻的是久处官场、意欲归隐，却又摆不脱仕宦羁绊的人。其后，作者进一步叙议发掘：你看它们那种潇洒自得的样子，就像品德高尚的士大夫和贵公子，在河边洗涤被污染的帽缨，何等惬意啊!“友麋鹿”，即与麋鹿为伴，意思是说要辞官归隐，寄情山水。可是，要归隐何其难哉！既然左右为难，那就不管它功名利禄、毁誉得失，只管悠闲自得、逍遥自在地打发日子吧。其乱中寻静，忙里偷闲，超然物外，与世无争的旷达态度鲜明地显露了出来。该段以议为主，以叙为辅，议得精当，叙得扼要。引用“濯缨”的典故，丰富了寓意，突出了主题。

苏轼在这篇赞里，除了生动地再现了韩幹画马图的面貌，传达出了原画的精髓和神韵以外，还意趣横生、淋漓尽致地抒发了自己观画的感想。这不仅是对韩幹画马后的观想做了生动绝妙的“补充”，更是对自己的一种“完善”。文章短短百余字，用字精炼，造句尤有特色。第一段多用四字短句，第二段变以杂言，整散相间，富于节奏美，堪称古代散体韵文的精品。文章由马及人，以人比马，两层推进，既写出了马的潇洒自得，又写出了人的清高闲雅，文脉迁延，皆历历可见；马人相喻，委婉明意，隐显兼用，意趣浓郁，既无直露之感，又无晦涩之嫌，表现出作者谋篇构意的匠心。写马，先叙后议；写人，叙议交融；而对马的赞赏，对政治社会的厌恶，对自由生活的向往以及对现实生活无奈的感情无不充溢于字里行间。

对于韩幹之马，诗人杜甫的题画诗文中评价有褒有贬，而以其较为异常的“贬”为人所瞩目，“幹唯画肉不画骨，忍使骅骝气凋伤”。他认为“神龙别有种”“俗马空多肉”，他注重神韵，崇尚风骨，偏爱“锋棱瘦骨”“所向无空阔”“万里可横行”的骠骏。在审美趣味方面，苏轼与杜甫原无太大差异。杜甫偏重神似，苏轼也说“绘画以形似，见与儿童邻”，但苏轼似更注重形似与神似的统一。他对韩幹画马的写实态度及取得的成就给予了恰如其分的评价，肯定了韩幹独有的审美取向和技法特点，而不像杜甫那样持以一概排斥的态度。对于韩幹不同的画作，苏轼按照它们各自的情况，予以区别看待，在多次评议韩幹画马的诗词中，一再肯定地表达了他对写实主义精神的尊重。

▼宋代持注子侍女石刻，宋代社会生活的细节与缩影

题画艺术，是一种集艺术感受能力与文学创作能力于一体的高超技艺。作为创作主体，既是观赏者、读者，又是创造者、作者。这篇画马赞集中体现了苏轼巧妙融合几种角色的艺术性。从欣赏原画风采，到再现原画面貌，最后到表现者自己的思想个性，正是苏轼创作此文所经历的三个内在层次。难能可贵的是，苏轼不但敏锐地捕捉到了韩

幹原画的内在意蕴，把原画的风貌和神韵勾画毕尽，还在传神写照之中，巧妙地传递出了自己强烈的主观感受，寄寓了自己的人生理想和生活态度。在不失原作精神面貌的前提下，出神入化地贯注了自己的个性，融进了自己的勃勃生机，因而具有鲜明的个性色彩。

苏轼诗文中，题画诗涉及骏马意象的篇章共14篇，这些题画诗塑造的骏马形象无论从数量形态还是精神面貌上都颇有特点。或是独马的英勇神武，或是群马的雄武壮观，或是厩马的皇家气派，或是奔马的意气风发。无论从何种角度入手，苏轼的题画诗总能将骏马意象与诗情紧密结合在一起，展示出一个充满艺术美感的缤纷世界，从而给读者深刻的艺术感染力。其马意象在吸收了前人文学创作之思想情感与艺术营养的同时，也有了新的思考与超越。

《韩幹画马赞》由诗一般的浪漫情怀与沉重的人生思考交织而成，作者想通过其理想中的马形象找到一种具有理想人格的“完美人”。在他看来，韩幹所画之马，一方面是一种无“羁络”萦系与“棰策”驱赶的“自由马”，自在得“如贤大夫、贵公子，相与解带脱帽，临水而濯缨”，具有人一般的体面；另一方面，它们几乎脱离了“野马”之本性，显得“丰臆细尾，皆中度程”，富有人一般的高贵。这里隐含着深刻的、无法摆脱的矛盾。这些非“厩马”、非“野马”的马，被作者深深地打下了“贤大夫”的烙印，而“贤大夫”离不开君主，它们最终仍然会回归到“厩马”中去，接受“羁络”“棰策”的命运终不可逃。在结尾的“盖优哉游哉，聊以卒岁而无营”之句，作者在悠闲、俏皮的语气下深含着一种无可奈何的喟叹。

骏马怒行追疾风

——北宋王安石《骅骝》

龙德不可系，变化谁能谋。
骅骝亦骏物，卓荦地上游。
怒行追疾风，忽忽跨九州。
辙迹古所到，山川略能周。
鸿蒙无人梯，沆漭绕天浮。
巉岩拔青冥，仙圣所止留。
欲往辄不能，视龙乃知羞。

▼宋代白陶马

不敢联属圣人之德，无人能理解其高深悠远。赤色的好马乃神骏之物，超绝出众，它如追风般飞跃奔行，倏忽间跨越九州大地。追寻久远的车辙，遍及山川四海，向往着鸿蒙之境，渡过辽阔无际的水面。眼望着高险的山岩穿破浩荡无

▲骅骝亦骏物，卓荦地上游

底的天空，仙圣都只能停留于此，骏马也想前往那青冥之境，无奈不能企及。诗歌中，作者运用排比句式对骅骝的神姿与俊美做了夸张的描述，用神龙来映衬骏马的不凡。诗作骨丰肉润，遒劲有力，将骏马的超逸神采展现无余。

时至北宋，辽、西夏游牧民族政权相继崛起于北方和西北，北宋王朝失去了宜于养马之地，导致监马不振。群牧使欧阳修曾指出："至于唐世牧地，皆与马性相宜，西起陇右金城、平凉、天水，外暨河曲之野，内则岐、豳、泾、宁，东接银、夏，又东至于楼烦，此唐养马之地也。以今考之，或陷没夷狄，或已为民田，皆不可复得。"（《文献通考》卷一百六十）因此，养马监只能设在河南、河北一带，可是，这一地区多有"河防塘泺之患，而土多泻卤，戎马所屯，地利不足"，虽然投入很大，但是养出的马却"未尝孳息"，或不堪任用，每"驱至边境，未战而冻死者十八九"。另据中书省、枢密院报告，河南、河北十二监，从神宗熙宁二年至五年（1069 年—1072 年），每年出马 1640 匹，可供骑兵之用者仅 264 匹。"余止堪给马铺，两监牧岁费及所占牧地约收租钱总五十三万九千六百三十八缗，计所得马为钱三万六千四百九十六缗而已"，还不到成本的零头，每年亏损高达五十多万缗。号称养马最多的沙苑监，“占牧田九千余顷，刍粟、官曹岁费缗钱四十余万，而牧马止及六千。自元符元年至二年，亡失者三千九百”。因此，伴随着西部拓边活动的顺利推行，养马问题成为困扰北宋王朝的重要议题之一。

虽然王安石笔下的骏马能“怒行追风”“山川略周”，但是面对“巉岩拔青冥，仙圣所止留”的高远境界，依旧有“欲往辄不能，视龙乃知羞”的遗憾。这番遗憾，离不开诗人所处的时代背景及个人的人生处境。

拥有强马的狄戎在边境日趋强大，汉唐以来的良田沃土却由使臣以皇命的形式圈占或逐渐从民间侵夺。皇祐元年（1049年），户部副使包拯给仁宗的上奏中指出：“臣闻顷岁于郓州、同州置二马监，各侵民田数千顷，乃于河北监内分马往逐处牧养，未逾一岁，死者十有七八，迄今为二州之害。”农牧争地矛盾极为严重。监马不振，而沿边市马又弊端丛生，“外敌旅拒，马不可买”。如宝元间，宋夏陕西之战爆发，西夏及沿边“生户”拒绝卖马给宋，以致宋战马奇缺，仁宗只好下诏以民间马、驴应急。时虞允文指出：“臣闻用兵，不可以无马，市马不可以非其他。有一百万之兵，无马以壮军势，用其胜力于追奔逐北之际，与无兵同……今日之事，虏以多马为强，我以无马为弱。强弱之所以异，三尺童皆知之，马政不可不议哉！”

▼图为北宋锦面囊皮尖顶帽，新疆若羌阿拉尔墓出土

为此，在王安石变法中，养马之法亦是重点。熙宁六年（1073年）八月颁布的保马法，凡五路义勇保甲愿养马的，每户一匹，富户可养两匹，政府给予监马或给钱自行购买。开封府地区总数不超

过3000匹，五路各不超过5000匹。开封府养马户免除每年的“体量草250束，加给予钱布”；五路养马户则免除每年的折变缘纳钱。三等以上的，每十户为一保，马死后由养马户独自赔偿；四五等户十户为一社，马死后由全社共同赔偿马价的半数。每年检查一次马的肥瘠情况，并规定除了保甲乘马“袭逐盗贼外”，乘马不得超过300里。经过大力推行，这种政策在某种程度上节省了北宋政府的大量开支，降低了马的死亡率，提高了马的质量，加强了北宋地方上的军事力量。《宋史·外国传》云：“交人自熙宁以来，全不生事”，指的是交趾人在王安石变法后，不敢再对北宋边境进行骚扰。在回击西夏的进犯时，“（昭）军行五十有四日，涉千八百里，得州五，斩首数千级，获牛、羊、马以万计。”“捷书至，（帝）御紫宸殿受群臣贺，解所服玉带赐王安石。”可见在变法之后，战马在征讨边境的战争中屡建奇功，“帝解所服玉带赐王安石”，是对他的认可。

▲宋代拜跪文吏俑，陕西凤县出土

诗歌是诗人思想情感的直接表达，王安石笔下的骅骝追风逐日，神异万千。诗人对良马的向往与重视，表达了他欲实现恢复汉唐旧境、统一中国的远大理想。然而“欲往辄不能”，良马难得的冰冷现实使他不得不在变法新政中侧重良马的培育与保护，现实主义的政治抱负在浪漫主义的书写与感怀中，留下了千古绝唱。

的卢一跃救主归

——南宋辛弃疾《破阵子·为陈同甫赋壮词以寄之》

醉里挑灯看剑，梦回吹角连营。
八百里分麾下炙，五十弦翻塞外声。
沙场秋点兵。
马作的卢飞快，弓如霹雳弦惊。
了却君王天下事，赢得生前身后名。

▼山东济南大明湖辛弃疾纪念馆

▲宋代砖雕牵马图

可怜白发生。

醉梦里，挑亮油灯，抽出宝剑细细察看。梦醒时，听到军营的号角声响成一片，其声哀厉高亢，闻之使人振奋。“要当啖公八百里，豪气一洗儒生酸”，把烤好的牛肉分赏给部下，让乐器奏起雄壮的军乐，这是秋天在战场上阅兵的景象。战马像的卢一样，跑得飞快，弓箭像惊雷一样，震耳离弦。一心想完成替君收复国家失地的大业，博得世代相传的美名，可惜已成了白发人！

《破阵子》为词牌名，原为唐玄宗时教坊曲名，出自《破阵乐》。陈同甫，为南宋婺州永康（今浙江永康市）人，与辛弃疾志同道合，其词风格与辛词相似，结为挚友。此词中，词人回忆了自己抗金时的沙场生涯，表达了自己杀敌报国、收复失地的理想，抒发了壮志难酬、英雄迟暮的悲愤心情，通过创造雄奇的意境，生动地描绘出一位披肝沥胆、勇往直前的将军形象。

“男儿慷慨平生事，时复挑灯把剑看”，此时无声胜有声。“醉”“挑”

“看”，三个连续的、富有特征性的动作，塑造出一位壮士形象。此处并无心理独白，却令读者充满遐想。灯下的利剑泛出冷冷的寒光，万籁俱寂，思潮汹涌，眼前浮现出曾经沙场秋点兵的景象。军营中的号角声就在耳旁响起，大口吃肉的豪迈场景依稀就在眼前，“醉里”“梦里”的一切，虚虚实实，意味无穷。第三、四两句，本可以不讲对仗，但是作者也用了偶句，并突破了偶句过多的呆板效应。两个对仗极工而又极其雄健的句子，恰到好处，突出表现了雄壮的军容及将士们高昂的战斗情绪。

“沙场秋点兵”之后，大气磅礴，直贯后篇“马作的卢飞快，弓如霹雳弦惊”。将军率领铁骑，快马加鞭，神速奔赴前线，弓弦雷鸣，万箭齐发。虽没做更多描写，但从“的卢马”的飞驰和“霹雳弦”的巨响中，仿佛看到若干连续出现的画面。那敌人纷纷落马，残兵败将，狼狈溃退；那将军身先士卒，乘胜追杀，霎时间就结束了战斗。凯歌交奏，旌旗招展。将军一战获胜，因此功成名就，既“了却君王天下事”，又“赢得生前身后名”，当为“壮”也。

如此一番壮词，却与四面楚歌、政权飘摇的南宋时代不符。理想如此豪壮，现实如此冰冷，词人展开丰富的想象，化身为词里的将军，刚攀上理想的高峰，忽然一落千丈，跌回冷酷的现实，沉痛地慨叹道：“可怜白发生！”白发已生，而收复失地的理想成为泡影。想到自己徒有凌云壮志，而“报国欲死无战场”，便只能在不眠之夜吃酒，只能在“醉里挑灯看剑”，只能在“梦”中驰逐沙场，快意一时。这处境，的确是“悲哀”的，然而没有谁“可怜”他。于是，他写了这首“壮词”，寄给处境同样“可怜”的陈同甫。

在创作方面，词作在结构上打破了成规，前九句为一意，末一句另为一意，以末一句否定前九句，前九句写得酣恣淋漓，正为加重末五字失望之情。“醉里挑灯看剑”一句，突然发端，接踵而来的是闻角梦回、连营分炙、沙场点兵、克敌制胜，有如鹰隼突起，凌空直上。而当翱翔天际之时，陡然下跌，发出了“可怜白发生”的感叹，使读者不能不为作者的壮志难酬洒下惋惜怜悯之泪。这种陡然下落，同时也戛然而止的写法，如果运用得好，往往因其出人意料而扣人心弦，产生强烈的艺术效果。这样的结构不但宋词中少有，在古代诗文中也很少见。

值得关注的是，词人引用了“的卢马”的典故。《相马经》中讲：“马白额入口至齿者，名曰榆雁，一名的卢。”这烈性快马曾从襄阳城西的檀溪水中一跃三丈，帮助其主脱离险境。《三国志·蜀志·先主传》注引《世语》：“（刘）备屯樊城，刘表礼焉，惮其为人，不甚信用。曾请备宴会，蒯越、蔡瑁欲因会取备，备觉之，伪如厕，潜遁出。所乘马名的卢，骑的卢走，堕襄阳城西檀溪水中，溺不得出。备急曰：‘的卢，今日厄矣，可努力！’的卢乃一踊三丈，遂得过。”一匹骏马尚能在困顿中一跃而起帮助主人摆脱险境，而词人空有一腔热情，不能如“的卢马”般一跃救主，却“白发已生”，对眼下的政局无能为力，壮和悲，理想和现实，形成强烈的反差。从这反差中，可以想到当时南宋朝廷的腐败无能，想到人民的水深火热，想到所有爱国志士报国无门的苦闷，唯有苦叹。

在辛弃疾的诗词创作中，马意象频繁出现，他将对马的描写从传统婉约词中的花街柳陌解放出来，重新放回到边关战场。这些作品表现为宝马与英雄志士的组合，创造出鲜明的艺术形象，展示其豪放之风，并进一步借助马意象的隐喻义来创造雄奇灵动的意境，展示沉郁悲凉的情感。辛弃疾踏上政治舞台与宋代其他词人不同，他不是靠舞文弄墨和金榜题名进入仕途的，而是以50骑人马直闯金兵大营，生擒农民起义军叛徒张安国的壮举作为晋见南宋皇帝的见面礼。青年时期的英雄气概和显赫声名，使他更愿意成为一位“少

▼宋代骑马俑，首都博物馆藏

▲辛弃疾蜡像

年横槊，气凭陵，酒圣诗豪余事”的武将角色。

在古代的战争中，马是一位将士必不可少的角色和伙伴，因此在辛词中明显表现出对马意象的偏爱。正因如此，他常常羡慕古代以弓刀马背建立勋业的英雄人物。如李广，“千古李将军，夺得胡儿马”。如刘裕，“想当年，金戈铁马，气吞万里如虎”。如“季子正年少，匹马黑貂裘”，以战国时身佩六国相印的纵横家苏秦来比自己当年英雄年少，黑裘匹马，驰骋疆场。

辛弃疾对好友，也常以良马相喻或相衬其功业，如《水调歌头·寿赵漕介庵》即以“千里渥洼种，名动帝王家”来比喻宗室赵彦端的才能和智识。每当友人赴任，词人必以功业相勉励，希望他们功成名就，如《鹧鸪天·别恨妆成白发新》以“骑騄駬，筰青云”，言友人张提举平步青云，前途光明。《沁园春·答杨世长》以“谁识相如，平生自许，慷慨须乘驷马归”，劝友人杨世长出仕以博取功名。还有如《满江红·汉节东南》以“汉节东南，看驷马，光华周道”。祝贺友人卢国华来福州出任福建提点刑狱，言其如汉代绣衣使者，高车驷马，所过之处处处生辉。

一说到“马”，词人就气血喷涌，心意难平。辛弃疾就是一匹马，是一匹“千里渥洼种”的良驹，一匹“万里笊浮云，一喷空凡马”的天马，一匹“听铮铮、阵马檐间铁”的铁骑。他以身许国，才可补天，一生驰驱在现实的和梦幻的战场，渴望着青山埋骨，马革裹尸。然而，世道乖蹇，命运多舛，一位本可成为良将名帅的英雄人物，南归之后，由于南宋政府的不信任，很快被解除武装，成为专门替南宋政府处理地方俗务的文职官吏。作为一匹伏枥的老骥，不能不发出悲愤之鸣，“可怜白发生”！

优游卒岁战马闲

——南宋张炎《清平乐·平原放马》

辔摇衔铁，蹴踏平原雪。
勇趁军声曾汗血，闲过升平时节。
茸茸春草天涯，涓涓野水晴沙。
多少骅骝老去，至今犹困盐车。

一匹戴着笼头的马，在主人的驾驭之下，奔走在残留着冬雪的辽阔平原上，“摇”与“蹴踏”两个词，传神地描绘出马的动态。这匹战马曾经立下赫赫战功，它听到战斗号令便会勇猛地冲杀，勇猛异常，可如今，它却在此悠闲度日。言辞之间，能感受到浓郁的讽刺气息。此时的南宋王朝，正值内忧外患，民不聊生，所谓“升平”，不过是昏庸的当朝者臆想出的假象而已。词句中，久经沙场的战马渴望再次投入战斗，犹如怀揣着报国之心的志士渴望为国效力，只是，掌握着话语权的当权者却不顾国家危亡，一味地粉饰太平。词人用战马之闲

▼憩息之马

文学卷

▲多少骅骝老去，至今犹困盐车

比喻自己空有一腔报国之心，却报国无门。

春天里，柔嫩的花草铺满了原野，小河里的水涓涓流淌，听得分外真切，在阳光的照耀下，溪底的沙石依稀可见。冬去春来，时不我待，那些曾经立下战功的骏马，如今的境遇如何？可惜它们在困顿中逐渐老去，毕生无法再驰骋沙场，只能拉着盐车，做一些蠢笨的粗活，了却残生。词人悲痛千里马的惨状，更是对自己、对社会现状的控诉，抨击南宋当局对人才的浪费。用千里马去拉盐车，大材小用，“骅骝老去”，“犹困盐车”，在强烈的对比中，寄寓着作者的无限感慨。

寂寥的牧野中，战马被闲置。词人眼见此景，由衷地发出感慨，符合词人张炎一贯的创作风格。张炎，字叔夏，号玉田，又号乐笑翁，自幼生活在临安（今杭州市）。他前半生在贵族家庭中度过，宋亡后，家道中落，贫难自给，曾北游燕赵谋官，失意南归，落拓而终。其作品大多是即景抒情，寄寓着对国家和个人命运的感慨。由于他是贵公子出身，又生当末世，融亡国之恨与身世之悲于北方自然山水的苍凉粗犷之中，整体创作情调偏于低沉。

词学研究方面造诣颇深，著有《词源》，有《山中白云词》，存词约300首。文学史上将他与“姜夔”并称为“姜张”，与宋末蒋捷、王沂孙、周密并称为“宋末四大家”。

《清平乐·平原放马》词中，“茸茸春草天涯，涓涓野水晴沙”，春来草绿，平原放马，一派悠闲祥和之景，词人用寥寥数语，勾画出春色原野的美好风光。此时，笔锋一转，闲马不闲，感慨不能重返沙场，只能在此“犹困盐车”，不得不叹，饱含着作者的自慨。张炎在宋亡之前，过着锦衣玉食的生活，却又钟情于湖光山色，经常作山林之游，“翩翩然飘阿锡之衣，乘纤离之马，于时风神散朗，自以为承平故家贵游少年不翅也”。宋亡之后，“丧其行资”，“牢落偃蹇”，“一度北游燕京，失意而归”。自此以后，他不仕元朝，“离群索居”，在江浙的名山古刹内栖身，过着“紧系篱边一叶舟。沽酒去，闭门休。从此清闲不属鸥”（《渔歌子》）的生活。他以诗酒自娱，创作了诸如《清平乐》《渔歌子》《壶中天》等貌似逍遥自在、洒脱闲适，实则反映他国破家亡后落魄纵游生活的隐逸词篇。生活隐逸，词人内心并不真正隐逸，无法做到陶渊明般纯粹，“欲趁桃花流水去，又却怕、有风波”（《南楼令》），“待去隐，怕如今，不是晋时”（《声声慢·为高菊墅赋》），“还重省，岂料山中秦晋，桃源今度难认”（《摸鱼儿·高爱山隐居》）。在《清平乐·平原放马》中，他以马之赋闲，隐喻自己内心的不甘与愤懑。

▼宋朝货币形态有了新的发展，货币制度也呈现出新特点。图为南宋在成都地区流通的金铤

张炎所处的年代，正值宋元交际，北方少数民族马上雄风豪爽激荡，兵燹所及，不同地域、不同价值取向的游牧文化使中原本土文化产生了变异，审美取

▲海南的澄迈还遗存有宋代的姐妹塔

向出现了从大雅到大俗的巨大落差。处在这一特殊转型时期的张炎词，被烙上了雅俗裂变的印痕。既凄清雅致，亦难免枯槁平易；既没有北宋的流光溢彩，也没有南宋的雍容典雅，意象极为寥落。“传说张炎工画墨水仙，时人谓得潇洒之意。其词亦如断雁惊风、哀猿叫月，意象萧疏而旨意玄远。”“嗟古音之寥寥，虑雅词之落落”。《清平乐・平原放马》词中，“骅骝老去”，壮志难酬，心境、情感全然融于一匹闲散的老马，言内意外，黍离之悲与写景抒情之间不沾不脱，反映张炎出仕与隐逸之间的矛盾心理，衬托词作的寥落气息。

读书之人，生逢乱世，异族侵占，改朝换代，或身处不甚得意之时，为谋求生存之路，或入深山幽谷潜居，或漂流客居，四处谋求生计之路。张炎所处的时代也不例外。元代入侵中原以后，曾以写经之役的名分录用了大量的宋朝人才，张炎也在其中。但张炎未真正发挥他的才能，更多的时候都是在寻求施才之路，但终其未就，过着流浪落魄的生活。张炎一生，既未寻得广阔的施才之路，又未寻到安乐的隐逸之地，更是未能像神仙道士般超然而看淡人生之痛苦烦恼，可怜“多少骅骝老去，至今犹困盐车”，文化遗民的自伤困扰其一生。

一生骏骨有谁怜

——南宋龚开《瘦马图》

一从云雾降天关，空尽先朝十二闲。
今日有谁怜瘦骨，夕阳沙岸影如山。

战马驰骋沙场时，矫健雄壮，如同一团云雾从天关降落，身份尊贵的它也曾在前朝皇家的马厩中进食。而如今，战争过后，又有谁怜惜这副如柴的瘦骨呢？夕阳西下，它的影子投在沙丘上如山一般寥落挫败。

这首《瘦马图》是南宋诗人龚开的作品之一。诗人运用对比的手法，前

▼龚开《瘦马图》

▲龚开故乡淮阴荷塘风景

两句写“一从云雾降天关，空尽先朝十二闲”，显示出原是能力非凡的千里马，“降天关”说明曾经立过战功，“十二闲”是皇家的马厩，说明曾是尊贵的皇家骏马；到了后两句，转写今日之情景，“今日有谁怜瘦骨，夕阳沙岸影如山”，战事过后，曾经的战马已经无人怜爱，流落到荒漠，骨瘦如柴。作者用“先朝”和“如今”前后相对比，黍离之悲也就寄寓其中。瘦马形象的刻画，实则是诗人一种类似“卸磨杀驴”的朝政现象的愤慨，同时抒发了诗人看到老马的骨瘦如柴，想到战后国家的破败，由此而营造悲凉愤懑之感。

这首诗题写在龚开的传世作品《瘦马图》（又名《骏骨图卷》）上，就诗文内容与画卷内容而言，骏马为何消瘦？乃寂寞无主，南宋灭亡，遗民无所皈依。龚开出生之时，宋政权已被迫南迁，建都临安九十五年。尽管岳飞、韩世忠抗金取得了巨大的胜利，但由于南宋政权妥协偏安，宋金议和，南宋对金称臣。龚开的故乡淮阴，正处宋、金分界线上，在金戈铁马的抗金斗争中，曾出现过梁红玉这样的巾帼英雄。龚开自幼受环境熏染，年轻时曾与陆秀夫同居广陵（今扬州）幕府，景定间为两淮制置司监。在民族危机深重的年代里，龚开结交的都是一些爱国志士。他一生仰慕为抗敌而牺牲的民族英雄忧国忧民，但北伐无望，南宋政权愈加腐朽衰弱，龚开为此苦闷、愤懑。

龚开作为宋末元初的遗民画家，用寄予深意的风格和独创水墨写意画马的绘画技法，引领了当时绘画艺术创作的风尚。龚璛有《题龚岩翁龙马图》，诗为六言："学古斋中楚龚，揽天飘御风鬃。莫论将军画马，试看老子犹龙。"题诗咏赞龚开画马，马凌空腾飞如龙，其运笔疾驰，风姿亦如龙马。仅其《瘦马图》，元代题咏者就不下十数家。龚开友人俞德麟、马臻的诗集中均有题咏诗，稍后的杨维桢、倪瓒等人也有过题咏诗。

在龚开诗文中，也曾频繁出现马意象。在他写给方回的《仆为虚谷先生作玉豹马，先生有时见酬，极笔势之驰骋，乃以此诗报谢》中，龚开以马喻人事，"磋予老去有马癖，岂但障泥知爱惜。千金市骏已无人，秃笔松煤聊自得"；称方回"君侯昔如汗血驹，名场万马曾先驱。山林钟鼎今何有，岁晚江湖托著书。白云未信仙乡远，黄发鬖鬖健有余。饮酒百川犹一吸，吟诗何嫌万夫敌"，写出彼此之境况。最后表示赠此画马之心意，含糊其词："曹将军，杜工部，各有一心存万古。其传非画亦非诗，要在我辈之襟期。"所谓"一心""襟期"，当是指宋亡之悲和守节之志。

▼宋代白釉红绿彩瓷骑马俑，开封市博物馆藏

中国画讲究"意境"，往往画中题诗，画绘物外形，诗传画中意。题画诗就是在中国画的空白处，由画家或他人以画为题而作的诗，点题释景，吟咏画意，同时完善布局、美化构图，使画面产生一种诗绘并工的艺术效果。画为视觉艺术，诗为语言艺术，画中题诗将美术和文学结合起来，画意诗情，笔韵书趣，妙合而凝，成为一幅题画诗式的中

▲此画绘于 16 世纪，描绘了 13 世纪元军利用浮桥横渡长江，攻打宋军的场景

国画作品在构图上、意境上不可或缺的有机部分。《瘦马图》自跋中，诗人用精妙的笔触描绘了宏大的场景，有限的画卷无法描绘的意蕴只有用准确的诗句作以填补，以拓展画面空间。“一从云雾降天关”，骏马奔腾的动态美跃然于纸上，云雾弥漫。曾经的沙场英姿，在氤氲动荡中若影若现，时空感瞬间拉长，昔日的雄姿在读者的脑海里显现。已逝去的那些年里，雄马曾过着富足体面的生活。“空尽先朝十二闲”，前朝皇家的锦衣玉食、金碧辉煌与骏马相得益彰，时间的空白用平淡的诗句填补出来，往事如烟，画外之意一目了然。

“夕阳沙岸影如山”可绘，而无法言传的画外之音“今日有谁怜瘦骨”，却很难用意象表达，为此，只有用诗意来“拯救”画之困境。细品画外之言，是诗人内心情感的表达，亦是内心思绪的书写。龚开在盛年时，南宋被漠北游牧民族鲸吞，龚开所居地是历代兵家必争之地，他锐意建功立业，可惜不得志。一幅《瘦马图》，借助画中诗言，填补了时代背景、作者经历以及难言之隐，诗中可以无画，画中不可无诗，这首题画诗力求通过画境与实境的联结，进而从画中解读诗意，从诗意中体味情感，可谓题画诗中的杰作。

以马喻人蕴意深

——南宋岳珂《金佗粹编·岳飞论马》

岳武穆入见，帝从容问曰："卿得良马不？"武穆答曰："骥不称其力，称其德也。臣有二马，故常奇之。日啖刍豆至数斗，饮泉一斛，然非精洁则宁饿死不受。介胄而驰，其初若不甚疾，比行百余里，始振鬣长鸣，奋迅示骏，自午至酉，犹可二百里。褫鞍甲而不息不汗，若无事然。此其为马，受大而不苟取，力裕而不求逞，致远之材也。值复襄阳，平杨么，不幸相继以死。今所乘者不然，日所

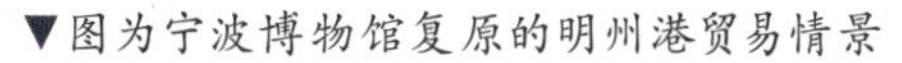

▼图为宁波博物馆复原的明州港贸易情景

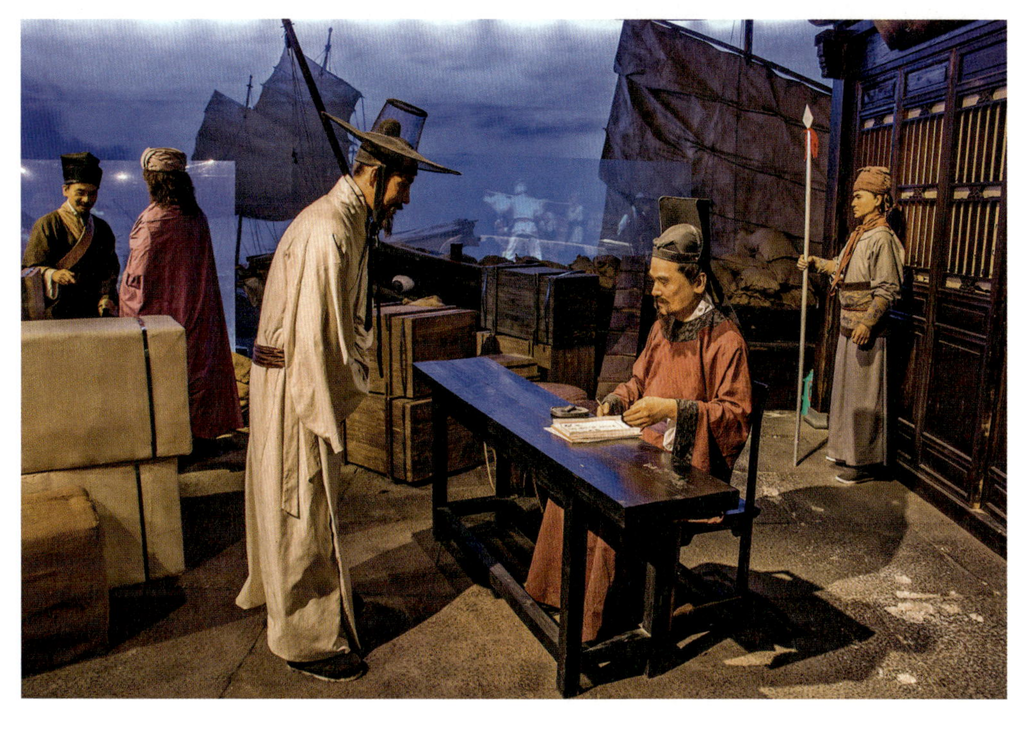

▲岳飞浮雕

受不过数升，而秣不择粟，饮不择泉。揽辔未安，踊跃疾驱，甫百里，力竭汗喘，殆欲毙然。此其为马，寡取易盈，好逞易穷，驽钝之材也。”帝称善。

宋高宗赵构绍兴七年（1137 年）正月，岳飞奉诏入朝觐见高宗。高宗从容与其谈用兵之要，接着问岳飞：“爱卿是否得到好马？”岳飞回答说，称好马叫作骥，并非称赞其气力，而是称赞其品德。我曾有这样的两匹马，常常对它们的表现感到奇怪。其中一匹每天吃豆类达几斗，喝泉水一斛，要求饲料精细，饮水清洁，否则宁肯饿死也不食饮。给它披挂奔驰，开始速度并不快，等到行至百余里，就开始竖起马鬣长鸣，快速奔驰，显示出骏马的特点来，从中午到傍晚，还可以行 200 里。卸下鞍甲后，既不喘粗气，也不流汗，就像没事一样。这样的马，饮食多而且不随便食用，力量充沛而不逞能，可谓长途行走的良马，只是适逢收复襄阳，平定杨么，它不幸而亡。现在所乘坐的这匹马却不一样，每天的饮食不超过几升，而且吃不选择饲料，喝不选择泉水，拉住缰绳还未坐稳，就跳跃起来迅速奔跑，刚刚跑了 100 里，就力气用尽流汗喘息，像死了一样。这样的马，需求不多，容易满足，喜欢逞能，又容易耗尽气力，是低下的劣马。

岳飞借论良马以喻论人之道，“受大而不苟取，力裕而不求逞”的良马，用以喻栋梁之材，但却不容于社会，相继以死，而“寡取易盈，好逞易穷”的劣马却活得长久，却能苟活于世，以良马、驽马为喻，来论说人才，回答了宋高宗的询问。这篇散文用问答的形式谈良马和劣马，形式生动活泼，论证时以作者亲自使役过的马来作为论据，更增强了说服力，亲切自然，嘲讽与斥骂兼具，意蕴深远，值得细细品读。

▼负交椅男侍石刻，不仅可见宋人的喜怒哀乐，更能感受到雕塑家精湛的技艺，是了解宋代社会状况的一面镜子

文章一开始，先借孔子“骥不称其力，称其德也”的话提出中心论点，接着作者结合实际，用自己驾驭过的马匹的不同表现分别进行论证。先前的马对饲料和饮水的要求不仅多，而且严格，“非精洁宁饿死不受”。它奔跑起来开始并不太快，待百里之后才开始加速，显示出骏马的特点来，半天时间就可行 200 里，而且不喘不汗，好像无事一样。如今的马不仅吃得少，且“秣不则粟，饮不则泉”，它抬脚就想跑，刚跑就加速，结果跑不多远就“力竭汗喘，殆欲毙然”。通过这两种马不同表现的对比，有力地证了文章的中心论点。

岳飞生当南宋抗金救国最激烈

▲宋代官窑青花瓷烧制达到了瓷器生产的顶峰

的时代，此番议论有其针对性和现实性，表面上论马，实则论人。那“受大而不苟取，力裕而不求逞”的骏马，实际上就是本领高强，抱负远大，能担当重任的贤才；而“寡取易盈，好逞易穷”的劣马，实际上就是急躁冒进，轻举妄动，目光短浅的庸才。文中对骏马的评论，就是对抗金勇士们的赞扬和肯定；对劣马的评论，就是对妥协投降者的鞭笞和否定。清代林云铭《古文析义》言：“得良马与未得，一言可尽。武穆乃将马之所以为良，所以为不良处，细细分别出来，全为国家用人说法。妙在含蓄不露，若添一语相士，便索然无味。玩‘不幸相继以死’，‘今所乘者’两句，骂尽举朝无人，皆属驽钝，尤感慨之极也。高宗称善，而不悟其意，国事可知。其行文竟可作一篇《国策》读。”

岳飞此番谈话，通过常见的生活现象，剖析深刻的人生哲理，既引人深省，又穷尽事理，无可辩驳。他侃侃而谈，通过马的饮食与行走，两相对比，说明“负重致远”之才，必须具备若干要素。

“受大而不苟取”。所谓“受大”，譬之于人，就是要做深厚的积累。要成为负重致远之才，自身的功底一定要厚实。知识的汲取，才能的磨炼，均要做到多多益善，不满足于一得之功、一孔之见。而在不断积累的过程中，应该讲究“精洁”，对无益甚至有害的东西，不但不“苟取”，而且要拒而不受。

“力裕而不求逞”。一个人在品格学识上有了深厚的功底，可算“力裕”，但这对“致远”来说只是一半，另一半就是在使用上应该“厚积而薄发”，而不是“只有半桶水偏要淌得很”。“薄发”不是不发，而是持之有度，运用有方。要以坚韧的态度，“行百里者半九十”的毅力，历久不衰地发挥自己的智慧与才能，以收“负重致远”之效。恃才傲物，旁若无人，急于求成，未见大阵仗便已气衰力竭，终归小家子气，不是匡时济世、可成大器者应有的行为。

“寡取易盈，好逞易穷”。一个人要“负重致远”，应毕生以此为戒。战国赵括，就给后人留下了“寡取易盈，好逞易穷”的惨痛教训。他把兵书读得倒背如流，连他父亲老将赵奢也辩不过他，于是，自以为用兵打仗很容易。一旦为将，他一到前线，就改变老将廉颇坚守持重的战略，说这是怯战。他下令向秦军突击，秦军佯败，他却小胜而骄，洋洋自得。最后，这个只知纸上谈兵的人，在长平陷入秦将白起的重围，使全军40万人被坑杀，害得赵国精锐尽丧，几乎亡国。

射手爱良弓，武将爱骏马，此是常理，尽人皆知。名将岳飞骁勇善战、治军严明、体恤下属，对马颇有研究，这番论马之言，至今读来，仍觉极有深意。

他人爱马莫言借

——元代马致远《般涉调·耍孩儿·借马》

近来时买得匹蒲梢骑，气命儿般看承爱惜。逐宵上草料数十番，喂饲得漂息胖肥。但有些秽污却早忙刷洗，微有些辛勤便下骑。有那等无知辈，出言要借，对面难推。

《般涉调·耍孩儿·借马》是元曲作家马致远的散套作品。般涉调为宫

▼北京马致远故居

调名，是元曲中常用的十二宫调之一，耍孩儿是般涉调的一个曲牌名。这套曲子以诙谐风趣的语言，以生动传神的细节，以细致入微的心理描写，深刻地刻画了马主人在借马这一过程中的行为、思想、语言，塑造了一个爱马如命、既悭吝又憨厚的人物形象。

▲元大都城门遗址

曲言，马主人近日买到一匹蒲梢骑。这匹良马有着深厚的历史渊源，《史记·乐书》中载："后伐大宛，得千里马，马名蒲梢。"马主人像对待自己的性命一样看待和爱惜它。每晚数十次的加夜草，马儿为此长得膘肥体壮，时刻清洗保持马体清洁，不让它过度劳累。可惜的是，就有那无知无趣之人，却要出言相借，使得主人公甚为为难。

作者对借马的细节描写极为细腻。马主人本不想借，故此"懒设设牵下槽，意迟迟背后随，气忿忿懒把鞍来鞴"，沉吟了半晌不说话，可是借马者却不懂"他人弓莫挽，他人马休骑"的道理，真是令人气恼。于是，马主人嘱咐借马者："不骑的时候，要把马拴在西棚下凉爽的地方，骑坐的时候挑选地皮平坦的地方，休息的时候要放松肚带，移动马鞍要轻慢，不要用力拉住缰绳把马口往上提，要时常注意鞍和辔。"

"马饥饿的时候要喂些草，口渴的时候让它饮些水，擦皮肤不要让马脖子上的鬣毛弯曲，三山骨不要用鞭子来打，不要让马蹄中垫入了砖瓦，最关键的是，马吃饱时不要让跑路，喝水时不要让奔驰！"

"抛粪时要找干燥的地方，尿绰时要找干净的地方，找个牢固的柱子拴马。走路的时候不要让马踩坚硬的砖块，过水的时候不要踏在泥上。这马知

▲元代瓦楞帽男立俑，陕西省西安市长安区韦曲街道办夏殿村出土，陕西省考古研究院藏

人文，就好像关云长的赤兔马，张翼德的乌骓马。”

“有汗的时候不要拴系在阴凉的屋檐下，洗刷的时候不要浸湿生殖器，马的草料煮软并铡得精细些。上坡时要慢慢地将马的身子耸起，下坡时不要走得太快，不要让鞭子甩着马眼，不要让鞭子擦损毛皮。”

马主人直言：“我是真不想借出自己心爱的马，可是不借伤和气”，所以，转身嘱咐宽慰马，“马儿啊，这就将你借与他人，你莫要担心，借马的人不会伤害你。”话罢，他长叹一口气，甚是哀怨悲切。道一声好去，早两泪双垂。假设已经借出了马，内心挂念不安，只盼着马儿早点归来。“早晨间借与他，日平西盼望你，倚门专等家内。柔肠寸寸因他断，侧耳频频听你嘶。”曲末，马主人一再感慨，“恰才说来的话君专记”，只有遵守我的所有条件，我才愿意将马借给你。

这支套曲描写的是一个借马的过程，也可以看作是借马的场面。套曲通过这一场面的描述，刻画了一个爱马如命的人，以及他不忍割爱的心理状态。马还在身边，不仅给人当面难看，而且指桑骂槐，出言不逊，并预想到马被人借走后，他倚门等待马归来的情景，以至于“柔肠寸断”“两泪双垂”。这个细节十分夸张，也极具幽默效果，把人物心态展示得淋漓尽致。

此曲幽默诙谐，人物刻画性格鲜明，杂糅杂剧的创作手段，代表了作者马致远的创作成就。郑振铎言：“诙谐之极的局面，而出之以严肃不拘的笔墨，这乃是最高的喜剧。”（《中国俗文学史》）王毅认为：“马致远的《借马》，以代言体的形式，成功地塑造了一个爱马如命的吝啬人的形象，这不仅在题材方面突破了散曲言情写景的局限，具有开拓之功，更主要的是在创作艺术方面做出了贡献。这就是用第一人称代言体，细致入微的刻画和细节描写，有旁白、背唱，通过马主人的语言、心理活动和神态、行动等等。从多方面去描写人物的内心世界，人物形象鲜明生动，诙谐幽默。既入情入理，又风趣而真实可信。”（《元代“代言体”散曲论略》）刘维俊认为：“《借马》这一套数，深刻而细致地刻画了一个吝啬鬼在借马这一过程中的行为、思想、语言，他是极为个性化的，活灵活现，动人魂魄。”（《论马致远散曲的艺术特色》）的确，《借马》是一篇成功的喜剧杰作，但是在它滑稽诙谐的表象下，却蕴藏着深刻的文化背景与时代悲剧。

《借马》的情节围绕着两大矛盾展开，一是马主人与借马者之间的矛盾，二是人与马之间的矛盾。前者是外在的、显性的，后者是内在的、隐性的；前者是现象，后者才是本质。作为喜剧，作者不仅没有解开这个矛盾，还不断强化、渲染，乃至夸张变形，以突出其难以调和的一面。这样，整个曲子就始终洋溢着喜剧的气氛，并在嬉笑之中寄寓怒骂之功，在诙谐之中包蕴辛酸之情，在荒谬之中显示严正之旨，以传达作者对元代社会黑暗现实的控诉与

▼图为元代灰地嵌银丝

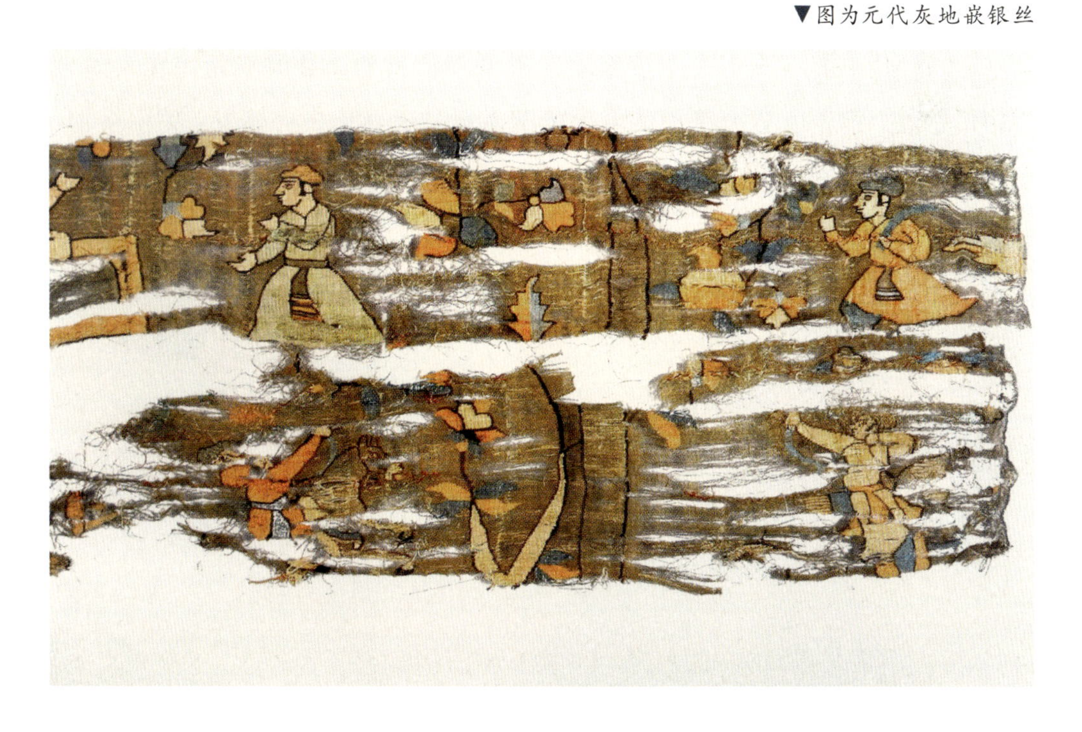

批判。套曲中，马主人对借马者的殷切叮嘱，细致入微，面面俱到，全然一片体贴呵护之意，诚挚热爱之情。其要求的琐细具体，操作的繁难精确，充分显示了这匹马地位之崇高，待遇之优厚，价值之昂贵，足以令人"顶礼膜拜"，望尘莫及。

自始至终，借马者并不曾出现，但是在马主人的指桑骂槐中，能感受到借马者的"无知"，即不明事理，不懂人情世故。他不能感受马主人的一片爱马之心，低估了马主人爱马如命的"痴情"，完全不了解马主人"逐宵上草料数十番，喂饲得漂息胖肥。但有些秽污却早忙刷洗，微有些辛勤便下骑"的辛勤劳苦。因而，也就无法理解和体会马主人听到他"出言要借"的"非分"要求后，"对面难推"之余，那种剜却心头肉般的痛惜之情，以及暴殄天物般的悲愤之意。由此可见，借马者和马主人奉行的是不同的价值观和为人处世原则，这亦是元代社会背景下不同人群的心理感受。这种文化心理助长了社会秩序的混乱，并猛烈冲击着中原封建社会的等级观念与世俗礼仪。

在儒家文化心理的召唤下，文人始终怀着"千里马情结"，念念不忘去追寻被迫离异放弃了理想的精神家园，去实现驰骋千里治国平天下的社会政治理想。然而，这一切在元代的社会现实中只能频频上演"千里马悲剧"。细细体味，《借马》在嬉笑怒骂中，蕴藏着一丝淡淡的哀愁，隐藏着元代文人愤世嫉俗的情绪，饱含着悲凉绝望的人生体味及孤独无依的内心感受，笑中有泪，令人心酸。

瘦马驮诗天一涯

——元代马致远《天净沙·秋思》

▼京西古道碑，位于北京门头沟京西古道去往马致远故居的路上

枯藤老树昏鸦，
小桥流水人家，
古道西风瘦马。
夕阳西下，
断肠人在天涯。

枯藤缠绕着老树，树枝上栖息着黄昏时归巢的乌鸦。小桥下，流水潺潺，旁边有几户人家。在古老荒凉的道路上，秋风萧瑟，一匹疲惫的瘦马驮着游子前行。夕阳向西缓缓落下，忧伤的旅人还漂泊在天涯。

天净沙为曲牌名，属越调，又名“塞上秋”。《天净沙·秋思》

▲内蒙古锡林郭勒盟博物馆元代官员蜡像

是元曲作家马致远的一首小令，句法别致，用名词性词组并置九种意象，组合成一幅秋郊夕照图，将天涯游子瘦马行绘制在一派凄凉的背景上。词中透出令人哀愁的情调，抒发了一个飘零天涯的游子在秋天思念故乡、倦于漂泊的凄苦愁楚之情，意蕴深远，结构精巧，顿挫有致，被后人誉为“秋思之祖”。

黄昏，意味着夜晚的到来；秋末，预示着寒冷的降临；游子投靠无门，面临着更为困苦不堪的人生际遇，这正是元代广大知识分子穷困潦倒的真实写照。作者马致远年轻时热衷功名，但由于元朝统治者实行高压政策，因而一直未能得志，一生过着漂泊无定的生活，在独自漂泊的羁旅途中，他写下了这首《天净沙·秋思》。

小令中描绘的画面，藤、树、鸦皆为黑褐色，秋末的落日又为藤、树、鸦、小桥、流水、人家、古道、瘦马涂上了一层黯淡的昏黄色，黄昏又给旷野诸景罩上了一层薄薄的幕纱，色彩令人郁闷压抑。作者在选取意象时，又着重选择衰败苍凉之物，选季定秋，选时有昏，写藤为枯，绘树择老，鸟类选鸦，风起为西，日落为斜，行有古道，再配以昏鸦的嘶叫，瘦马的嘶鸣，小河流水哗哗作响，断肠人令人心碎的叹息声，再听那萧瑟秋风呼呼吹过，枯木朽枝沙沙作响，一片凄厉苦楚之声，侧耳闻之，不寒而栗。种种这般，只为衬托天涯游子悲苦孤独的秋思之情。而这秋思，根源在于作者的功名所望，期盼能有如乌鸦有窝、落日有山、游子有家的归宿，而这渺小的希望都未能如愿，只能“秋思”，不免令人唏嘘。

小令虽短，却情景妙合，意境悠远，是中国古典诗歌中的典范。其实，马致远《天净沙·秋思》中的意象并不新颖。例如，“古道”一词，李白《忆秦娥·箫声咽》云“乐游原上清秋节，咸阳古道音尘绝”；宋张炎《壶中天·扬舲万里》云“老柳官河，斜阳古道，风定波犹直”。关于“瘦马”，董解元《西厢记·赏花时》云“落日平林噪晚鸦，风袖翩翩吹瘦马”；元代无名氏小令《醉中天》云“老树悬藤挂，落日映残霞。隐隐平林噪晓鸦，一带山如画。懒设设鞭催瘦马；夕阳西下，竹篱茅舍人家”；但是均不如《天净沙·秋思》中表达的纯朴、自然、精练。“瘦马”之“瘦”，妙在欲写人之瘦而偏不写人，由写马之瘦而衬出其人之瘦，其人之清贫，路途跋涉之艰辛，求功名之困苦。让人读之而倍感其苦，咏之而更感其心。虽然曲中的意象不算新颖，所表达的情感也不算新鲜，但是由于它使用精练的艺术表达方式，表达出中国文人一种传统的情感体验，因此它获得了不朽的生命力，引起后世文人的共鸣。

秋时易感。黄昏、残阳、落叶、枯枝相伴，成为万物衰亡的象征，故秋景一方面确能给人以生理上的寒意，另一方面又能引发人心之中固有的种种悲哀之情。《天净沙·秋思》采用悲秋这一审美情感体验方式，来抒发羁旅游子

▼内蒙古赤峰市三市眼井墓出土的元代《归来图》壁画

▲图为元戏曲场面壁画，摹山西洪洞县广胜寺壁画

的悲苦情怀，使个人的情感获得普遍的社会意义。元代处于游牧文化统治的时代，散曲产生于13世纪后期游牧文化统治下的汉语文化语境中，滋生了“瘦马驮诗天一涯”的漂泊意识，“瘦马”成为元代天涯游子表达情愫的常用意象。史料载，元代人口至元十一年（1274年）为190多万，次年竟涨到470多万，到至元二十七年（1290年）竟高达1300多万。元代宋子贞证明其真实性“初籍天下户得一百四十万，至是逃亡者十四五”，而“有司莫以告”，可见“漂泊”已经成为一个社会性的问题，是一种集体意识。例如乔吉，其半生浪迹江湖，在他的《金陵道中》“瘦马驮诗天一涯，倦鸟呼愁村数家”，直指诗人在天之一方，远离故土，流落他乡，描绘出一位骑着疲惫无力之瘦马，风尘仆仆地行进于荒郊野道上的倦客游子的形象。

一匹瘦马行走在古道上，投下的身影越来越长，延漫在寥落的秋景里。元代文人远行在寻找精神家园的途中，内心始终充盈着一种宿命似的“漂泊”意识，痛苦便成为他们永远不能摆脱的归宿。长久的漂泊意识，为中国文学史的漂泊画廊中嵌入了一幅幅具有元代特色的经典游子剪影。

老骥自惜千金骨

——元代郝经《老马》

百战归来力不任，消磨神骏老骎骎。
垂头自惜千金骨，伏枥仍存万里心。
岁月淹延官路杳，风尘荏苒塞垣深。
短歌声断银壶缺，常记当年烈士吟。

▼元初北方诗坛之翘楚，诗歌史之先导——郝经

身经百战，老来力不从心。时光飞逝，遥想当年腾空飞奔的样子，再低头看看自己日渐老去的身躯，老骥伏枥仍有驰骋万里的雄心。时间真是快啊，可实现报国之心的路途却遥遥无期。岁月荏苒，边塞城墙如今还在，悲凉歌声时断时续，破旧的银壶讲述着逝去的往事，当年将士们的身影常常浮现在心头。

▲元代白瓷鞍马，呼和浩特市征集，现藏于内蒙古博物院。

生于宋、金、元战乱之时的郝经，是活跃于元代初期三大类诗人群体之中的“北方大儒”，亦是元朝北方籍本土诗人中最具代表性的一位。郝经出身儒学世家，自幼遭遇金末丧乱，却能苦读不辍。20岁就以《与北平王子正先生论道学书》出名，被权贵聘为家教。33岁应召入藩王忽必烈金莲川幕府，历任宣抚副使、宣抚使。曾得到过忽必烈的赏识，38岁擢翰林侍读学士、国信大使，两赴南宋，奉命南下与南宋君臣议和，被贾似道扣留于真州（今江苏仪征）长达16年之久。曾经一度赏识过他的忽必烈却早已将他淡忘，以致始终不曾派兵去救他。至元十二年（1275年）二月，53岁的郝经才被南宋放归，未久即卒于途中，被追封冀国公，谥曰“文忠”。

个人的苦难经历使其对时代变幻、政坛风云感触颇深，又加之受元好问与杜甫诗歌的双重影响，使得郝经的诗歌多具有“诗史”的特质。回首宋、金灭亡的历史，记录宣抚江淮的真实状况，身在仪真馆中反思现实，在元初诗坛上独树一帜。

郝经被羁留16年，长期处于贫穷恶劣的环境中，“体发久已变，兹心独难易”“萧萧变齿发，冉冉颓年龄”，即使身心苍老，也要坚守自己的信仰与理想。“一从哭墓后，去国十二年。年年见新花，永日相对闲。忘忧却生忧，所赖志义坚。”他坚守儒家道义与信仰，其诗作中多出现鲁连蹈海、伯夷叔齐的典故，成为他羁留异地的信念来源。《老马》一诗中，字里行间是对逝去往事的怀念，如今人已老，故乡遥在远方，作者借老骥伏枥，喻指自己的处境与情怀。长期的羁留囚禁，得不到自由，又无法回归故土，“自惜千金骨”，“仍存万里心”，无奈“岁月淹延官路杳”，只有“常记当年烈士吟”。

郝经的诗作，《四库全书总目》“提要”有云：“其文雅健雄深，无宋末肤廓之习。其诗亦神思深秀，天骨挺拔。与其师元好问可以雁行，不但以忠义著也。”既说“神思深秀，天骨挺拔”，又认为可“与其师元好问可以雁行”，所评甚高。当代学者钱基博在《中国文学史》中评价郝经：“其文丰蔚豪宕，其诗苍凉沉郁。”郝经后期的诗风苍凉沉郁，这是由于其在被羁留仪真馆后，长期“半囚半客”的生活让其身心备受摧残，所处的环境与心境的改变，使得他的诗风由前期的奇崛劲健，转而发展为含蓄悲慨、沉郁苍凉的风格。《老马》中，因作者独特不凡的感怀而呈现出沉重悲慨的气息，一片赤诚之心，却“岁月淹延官路杳”。眼望着高深的边塞城墙，故乡重返无望，“短歌声断银壶缺”，读之如杜鹃泣血，怆然动人，诗歌感情沉郁低回，给人以苍凉之感。

▼元代青铜小马，内蒙古鄂尔多斯市征集

▲元代梵文沙符木刻板，1979年敦煌马圈湾出土，敦煌市博物馆藏

郝经诗歌擅于用典，多采用大量历史典故。东汉末年，曹操率军先后消灭董卓、黄巾军、吕布、袁术、袁绍、刘表等地方势力，控制北方领土。袁绍的儿子投奔北方的乌桓，53岁的曹操亲率大军彻底征服20万乌桓人，凯旋后作《步出夏门行》："老骥伏枥，志在千里。烈士暮年，壮心不已。"《老马》诗中，"伏枥仍存万里心"，在抒情感怀中引用典故，表面是在写老马伏枥，实则愤慨自己的境遇，通过"力不任""老骎骎"，来表达自己对人生、对世道、对时代的无能为力，含蓄深沉却又意味深长。

郝经是元初北方诗坛之翘楚，元代诗歌史之先导，其一生笔耕不辍，既向世人敞开了自己的心扉，披露了内在复杂的心态与情感，又继承了现实主义的优良传统，内容充实，感情深沉；既涉及历史兴衰教训的总结，又有当时社会生活的反映，议论纵横，笔锋犀利；既展现了元初北方士人的风度，又以自己独特的视角，揭示了当时社会的生活风貌以及文学的发展变化。清人袁翼《论元诗六十首》曾对郝经诗作感慨不已："才气原推第一流，南来万里作累囚。凄然我读真州咏，独占空庭望女牛。"肯定了郝经在元初北方诗坛上的地位。

羁留囚禁于异国的老马，十余年"半囚半客"。塞垣高深，悲凉的歌声断断续续，只有旧日的银壶闪烁着过去的辉煌往事，一路踱步独行，书写了元代诗坛的传奇。

垂缰之义白龙马

——明代吴承恩《西游记》

那马跳将起来，口吐人言，厉声高叫道：“师兄，你岂不知？我本是西海飞龙……我若过水撒尿，水中游鱼食了成龙；过山撒尿，山中草头得味，变作灵芝，仙童采去长寿；我怎肯在此尘俗之处轻抛却也？”

——《西游记》选段

▼吴承恩故居

白龙马本是西海龙王敖闰的三太子，自幼过着锦衣玉食的生活，被娇惯得自高自大，后因纵火烧了龙宫殿上明珠，被父亲表奏天庭，吊打三百，即将遭诛。适时观音求情，“你须用心了还业障；功成后，超越凡龙，还你个金身正果”，它“口衔着横骨，心心领诺”，才留得性命。皈依佛门后，白龙马驮唐僧远去西天取经，终成正果，赎了罪愆，被如来封为八部天龙马，又恢复了龙的本相。

▲内蒙古呼和浩特征集明代绿釉骑马俑

取经一行中，除了眉清目秀的唐僧，唯有对白龙马有赞语：“好马：鬃分银线，尾軃玉条。说甚么八骏龙驹，赛过了骕骦款段，千金市骨，万里追风。登山每与青云合，啸月浑如白雪匀。真是蛟龙离海岛，人间喜有玉麒麟。”可见此马仪表堂堂，是颇具人性、神骏可爱的玉龙。白龙马虽为取经途中的脚力，但也“禀性高傲”。在第六十九回中，悟空为朱紫国国王配制丸药，需要白龙马的尿，白龙马“跳将起来，口吐人言，厉声高叫”，言“我若过水撒尿，水中游鱼食了成龙；过山撒尿，山中草头得味，变作灵芝，仙童采去长寿；我怎肯在此尘俗之处轻抛却也？”白龙马不忘自己身份尊贵，与孙悟空时常将“五百年前大闹天宫”“齐天大圣”的头衔挂在口边的表现相似。

正如观音所说：“你想那东土来的凡马，怎历得这万水千山？怎到得那灵山佛地？须是得这个龙马，方才去得。”在过流沙河讨论背唐僧过河时，以猪八戒之强壮，尚说“师父的骨肉凡胎，重似泰山”；以孙悟空之神勇，也讲“遣泰山轻如芥子，携凡夫难脱红尘”，而白龙马却默默地做着众人不屑为又不能为的工作。白龙马日常表现虽与凡马无异，但却在危急关头挺身而出，彰显英雄本色。“只挨到二更时分，万籁无声，却才跳起来道：‘我今若不救唐僧，休矣！这功果休矣！’他忍不住，顿绝缰绳，抖松鞍辔，急纵身，忙显化，依然化作龙。”在第三十回中，唐僧被诬，悟空受逐，八戒无踪，沙僧遭俘，而他为救唐僧，现身和黄袍怪大战一场，而且是他力主请大师兄孙悟空出山，成为扭转这一局势的关键性人物。

白龙马“意马收缰”，一路虽为配角，却生得俊朗儒雅，温和平稳，颇有“文质彬彬”的君子风范。悟空动，白龙马静；悟空急，白龙马稳；悟空暴，白龙马平，两者相互映衬。其角色塑造，与作者吴承恩的个人经历不无关联。

在吴承恩之前近千年的古代文化传承中，白龙马的原型是逐渐发展并最终定型的动态过程。它肇始于取经中对马的实际需求，萌芽于胡翁换马，策杖西行的逸闻；在发展中又不断融入了印度作孽龙、护法龙的传说；随着取经故事本身的不断神化，又合龙、马二者为一，而以龙属马身的形态出现；最终经文人的加工而更具艺术魅力。如《周礼·夏官》中就有“马八尺以上为龙，七尺以上为騋，六尺以上为马”的说法，而在先秦浪漫主义作品中，龙更是经常像马一样被当成坐骑。《庄子·逍遥游》中的那位藐姑射之山的神人，因“世

▼明代皇室接见外国使节情景蜡像

蕲乎乱”便“乘云气，御飞龙，而游乎四海之外”；屈原“驾青虬兮骖白螭，吾与重华游兮瑶之圃”，“驾飞龙兮北征”，“驷玉虬以乘鹥兮，溘埃风余上征”；汉代《汉郊祀歌十九首》中的《天马》诗称天马“今安匹，龙为友”，“龙之媒”。乘龙者被塑造成不满于污浊尘世、一心追求美好理想而要超越现实的贤者，龙则是他们超越污浊的现实，到达理想境界的得力助手。

唐人小说《李靖》中，卫国公李靖乘青骢马升天替龙行雨，龙因失误降雨过多而受罚。《大唐大慈恩寺三藏法师传》对《西游记》的成书更是起到了重要作用，其言：“明日日欲下，遂入草间，须臾彼胡更与一胡老翁乘一瘦老赤马相逐而至……胡翁曰：‘师必去，可乘我马。此马往返彼吾已有十五度，健而知道。师马少，不堪远涉。’法师乃窃念在长安将发志西方日，有术人何弘达者，诵咒占观，多有所中。法师令占行事，达曰：‘师得去。去状似乘一老赤瘦马，漆鞍桥前有铁。’既睹所乘马瘦赤，漆鞍有铁，与何言合，心以为当，遂即换马。”唐僧坐骑已被“神化”，“赤色”也为白龙马在《西游记》中承担的角色做好了铺垫。

▼明代襦裙穿着展示图

宋代无名氏的《大唐三藏取经诗话》“入九龙池处第七”，有猴行者与“馗龙”斗法一节，这和《西游记》第十五回“蛇盘山诸神暗佑，鹰愁涧意马收缰”相照应。元末明初杨景贤《西游记杂剧》第二本第七出“木叉售马”中出现了火龙三太

子，一出场，他便自述“小圣南海火龙，为行雨差迟，玉帝要去斩龙台上，施行小圣”，而观音“朝奏玉帝，救得此神，着他化为白马一匹，随唐僧西天驮经，归于东土，然后复归南海为龙。”这与《西游记》中观音点化玉龙的情节极为相似。

到了吴承恩创作的时期，吴承恩与那些欲乘龙超越现实的先贤们在感情上颇有相似之处。面对污浊的世风，那借以“上下求索”的坐骑，即神骏清高而又韧劲十足的龙马成为吴承恩抒发情感的载体，频频出现在其诗之中。“我梦倒骑银甲龙，夜半乘云上天阙”“骏骨谁知马首龙，卑飞不免鸦嘲凤”“狗有三升抗糠分，马有三分龙性，况丈夫哉”。在其巨著《西游记》中，吴承恩在继承了前代作品中龙马形象的基础上，较之其他西游故事，对龙马倾注了更多的心血。文中，白龙马也是不被人理解的“马首龙”。在第二十三回“三藏不忘本，四圣试禅心”，不仅蠢笨的猪八戒发牢骚，一心想攀这“高大肥盛”的马来驮行李，而且一向谨慎的沙僧也发出了“真个是龙么”的疑问。第一百回“径回东土，五圣成真”中，唐太宗也把他当成了凡马。但正是有了这匹执着的龙马，才最终完成了取经大业，正所谓“路遥知马力”。

它在“鹰愁陡涧，久等师父……愿驮师父往西天拜佛”；它面对唐僧被六耳猕猴打伤，无力救助时，在“路旁长嘶跳咆”；它“怎肯在此尘俗之处轻抛却也”，清高自傲，无一丝私心杂念；它“口衔着横骨，心心领诺”，取经途中忠实无言。借神魔以写人间，在幻想中求索治国安邦之人，除却悟空、八戒等性格鲜明的角色，吴承恩同样在白龙马身上寄托了个人的理想，并隐射了当时的时代背景，“登山每与青云合，啸月浑如白雪匀”的艺术形象经久不衰。

冲阵龙驹名赤兔

——明代罗贯中《三国演义》

果然那马浑身上下，火炭般赤，无半根杂毛；从头至尾，长一丈；从蹄至项，高八尺；嘶喊咆哮，有腾空入海之状。后人有诗单道赤兔马曰：“奔腾千里荡尘埃，渡水登山紫雾开。掣断丝缰摇玉辔，火龙飞下九天来。”

——《三国演义》选段

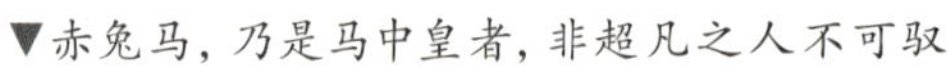
▼赤兔马，乃是马中皇者，非超凡之人不可驭

“人中有吕布，马中有赤兔”。赤兔马，本名“赤菟”，即“身如火炭，状甚雄伟”，乃马中极品，可日行千里，夜走八百，非超凡之人不可驭。《三国演义》中描写的赤兔马，原为董卓从西凉带来的良马名驹，董卓为拉拢年轻将领吕布，将此马赠予吕布。《三国志·魏书·吕布传》：“布有良马曰赤兔。”《后汉书·吕布传》：“布常御良马，号曰赤菟，能驰城飞堑。”唐代李贺《马诗二十三首》之八：“赤兔无人用，当须吕布骑。”又《吕将军歌》诗云：“吕将军，骑赤兔。”吕布得此马后杀了旧主丁原，投奔于董卓门下，为其义子。屡次征战中，赤兔马跟随吕布大展神威，立下赫赫战功。

白门楼曹操痛杀吕布后，赤兔宝马遂归曹操。曹操爱惜关羽，也效仿董卓“白马赠英雄”，将赤兔马赠予关羽。关羽爱马心切：“吾知此马日行千里，今幸得之，若知兄长下落，可一日而见面矣。”自此，赤兔马与青龙偃月刀成为代表关羽形象的标志，其蹄印踏遍白马、文津，五关、黄河渡口留下了它的骏影，长沙的嘶鸣，樊城的驰骋，何等英姿卓越。可惜的是，关羽败走麦城，三天未进食的赤兔马驮其夜走临沮小路，潘璋带500人埋伏，并在杂草中设七道绊马铁索，赤兔马在悲愤和痛苦中轰然倒地，关羽落马受诛，赤兔马绝食而亡。

“赤兔”泛指良马，南朝梁吴均《赠柳真阳诗》曰：“联翩骖赤兔，窈窕驾青骊。”董解元在《西厢记诸宫调》卷二中也说：“骑匹如龙，卷毛赤兔。”《水浒传》中描述：“桃红锁甲现鱼鳞，冲阵龙驹名赤兔。”“赤兔”之“兔”，有人认为是以兔喻马，古有以兔之形态装饰马车，寄托快速行进的希望，“飞兔、要褭，古之骏马也”。学者萧兵认为：“清代王琦《李贺诗集注》引《杜子美集·画马赞·注》云《穆天子传》有飞兔。案穆王八骏无此名，唯《吕氏春秋·离俗》有飞兔（《淮南子》作飞冤），高注：‘日行万里，驰若兔之飞，因以为名也。’《太平御览》卷896引孙氏《瑞应图》：‘飞兔者，日行三万里；禹治水土勤劳，历年救民之害，天应其德则至。’《宋书·符瑞志》略同。名‘兔’殆状其疾，然不仅此也。”

故另一种观点认为，兔乃马之头型。商周时，马多以驾輓驮驼而不以骑。甲骨文所见“马”字，头部多笨重、粗糙、硕大、“潮湿”，其属“驾挽型”无疑。

▲明代民间生活场景

春秋时，戎狄诸部传骑术入中原，而古之名马多来自西方。马王堆《帛画》所见“文马”头部已如《相马经》所谓之“高而成”，即高昂而紧凑，非如殷马之大头短颈，昏昏欲睡之貌。“得兔与狐，鸟与鱼，得此四物，毋相其余。”后又对此解说：“欲得兔之头与其肩，欲得狐之周草与其耳与其肫，欲得鸟目与颈膺，欲得鱼之鬐与脊。”头部是马的品种、品质、体能、齿口最明显的外部表现，相马首先要看马的头部。古人依据马的头部形状，形象地将马分为直头、兔头、凹头、楔头、半兔头等。兔头、半兔头的马，特征是鼻以上部分微微向外突出，其状如兔首。

从现代马的体质看，兔头的马，多是重型马，其特点是身体强壮，力量大，也是马中最为高大的品种。我国中原地区的马属于蒙古马，蒙古马的优点是速度较快、耐疲劳，但是体形小、体力有限，就赤兔马的毛色、头相而言，并非中原之马。穆王西征、汉武西图多得龙驹，唐代名马犹多来自西北。学者萧兵讲：“外国学者或以其色‘赤’而谓是马即大宛之汗血马（汗腺流异质色微红，或云毛细管渗血系病态），证据不足。日本人有猜测其系马超自西羌携入者，虽无稽；然其为西戎名马之血裔，可能却颇大。”

《三国演义》中，数次对赤兔马有详细描述。第三回中，董卓用赤兔马收买吕布。第五回描绘吕布出场，“紫金冠，体挂西川红锦百花袍，身披兽面吞头连环铠，腰系勒甲玲珑狮蛮带；弓箭随身，手持画戟，坐下嘶风赤兔马：果然是‘人中吕布，马中赤兔’”。第十九回，吕布下属盗了赤兔，吕布逃脱不得，命陨白门楼。第二十五回，曹操为收买关羽，将赤兔授予云长，此后，云长出场均对赤兔有所描绘。第二十七回，美髯公千里走单骑，汉寿侯五关斩六将，云长骑赤兔突破重围。第五十回，诸葛亮智算华容，关云长义释曹操，“为首大将关云长，提青龙刀，跨赤兔马，截住去路。操军见了，亡魂丧胆，面面相觑”。第七十七回，玉泉山关公显圣，洛阳城曹操感神，“关公既殁，坐下赤兔马被马忠所获，献与孙权。权即赐马忠骑坐。其马数日不食草料而死”。通篇描述，突出了烈马英雄的主题。

▼赤兔马雕塑

《三国演义》中的赤兔马雕塑

“赤兔”不食而死的文学创作母题，在以往的旧史传多有记述。唐段成式《酉阳杂俎·前集》：“秦叔宝所乘马号忽雷蛟，常饮以酒；每于月明之试，能竖越三颌黑氈，及胡公卒，嘶鸣不食而死”。《十国春秋》卷八十八《陈璋传》：“死之日，所乘马悲鸣，数月而毙”。宋文莹《玉壶清话》卷八：“太宗御厩一马号碧云霞，折德扆获之于燕涧，因贡焉”，“后闻宴驾，悲悴骨立，真宗遣从皇舆于熙陵，数月遂毙”。《齐东野语》卷七：抗金宿将毕再遇，“有战马，号黑大虫，骏驵异常，独主翁能御之。再遇既死，其家以铁絙羁之圉中。适遇岳祠迎神，闻金鼓声，意谓赴敌。于是长嘶奋进，断至絙而出。其家虑伤人，命健卒十余，挽之而归。因好言戒之云：‘将军已死，汝莫生事累我家。马耸耳以听，汪然出涕，喑哑长鸣数声而毙。’”

“行天莫如龙，行地莫如马。马者，甲兵之本，国之大用”，中国历史上，英雄的名字与宝马总是如影随形，每一匹战马背后，都弥漫着浓浓的英雄主义。这种人马之间的情义融入了历史、文化，也深深地影响了中国的艺术。楚汉相争，项羽在乌江边自刎，乌骓马亦倒地身亡，留下《垓下歌》的千古之叹；刘备的“的卢”马快速如风，救主飞渡脱险；一代枭雄曹操，雄才大略，所骑战马，取名为“绝影”，其含义速度之快连光影都难以企及；张飞之马，名乌云踏雪，关外名驹，千里绝群，长坂坡当阳桥上张飞一人一马一杆枪吓退大魏雄师。历史如烟云，将军与名马俱皆消散，唯有浓浓的英雄情结激励着一代又一代文学家，创造出各种非凡的神马形象。

劣马妨主蒙祸灾

——明代徐渭《续英烈传》

李彬被徐辉祖伏刀将枪隔去，又随手还刀，知是惯家，方吃了一惊，急急勒马倒退以避刀。不料那马跑急了，陡然勒回，未免要往后一挫。谁知这一挫里一个后蹶，竟将李彬闪了下来。

……

——《续英烈传》第二十六回

在历代文学创作中，马形象逐渐丰富，从表现原始状态下的野马逐渐扩展开来，多以表现良马英雄，后增加了病马、战马、老马、肥马等多种形象，人马之情成为历代文学作品描述的主体。文学家们既借马抒发自己想要立功被恩主赏识的心愿，也借以感怀怀才不遇、濒临老矣的哀叹。然而，也有一种马，不仅不助主建功立业，反而带累其主，以至亡国亡身。

▼明代黄铜卧马镇纸

《续英烈传》以

明初建文帝“削夺诸藩”“燕王靖难”“壬午殉难”和“建文逊国”等史实为题材，反映了明王朝统治阶级内部残酷的政治和军事斗争，是自成完整体系的一部小说。第二十六回中，马匹“陡然勒回”，将主“李彬闪了下来”，可谓碍主的实例。

在清代杜纲《南史演义》中，一匹劣马亦是如此，并非如多数文学作品中的宝马那般在阵前凭借其快、勇帮主人斩杀敌军，获得战功，而是妨主获难。“俄而槊折，台军继至。显达不能抗，退而走，马蹶坠地，为台军所杀。兵士见主将死，一时尽溃，大难立平。”阵前失蹄，或因胆小易受惊吓，不能正常对战，从而连累主人被敌军所伤。

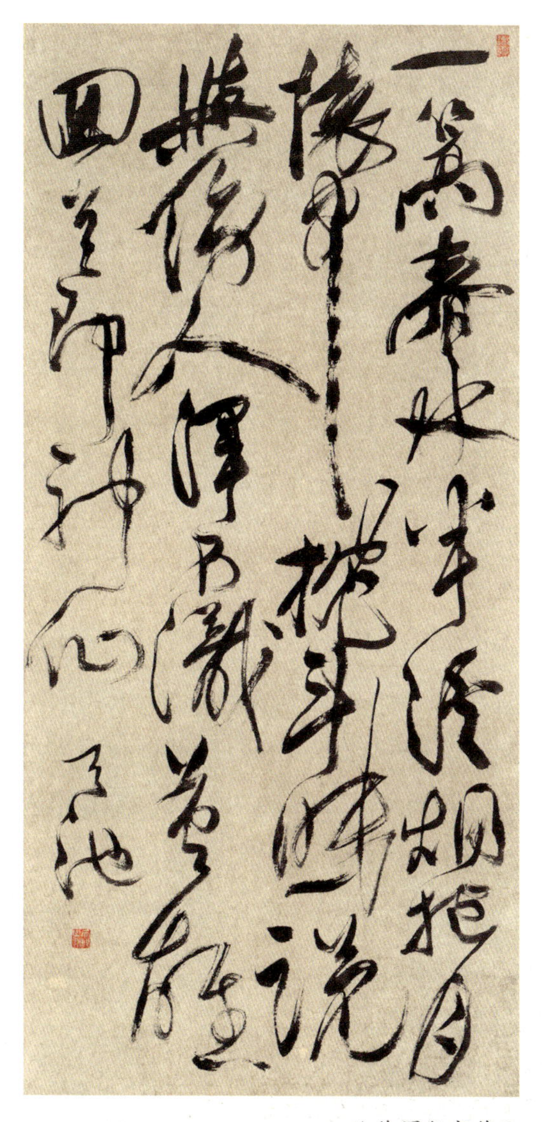

▲徐渭行书作品

与战场上英勇抗战的宝马相比，此类马可谓劣马。马与武器是战场上战士所能凭借的物品。战马主动性较强，不容易受人的控制，一旦不服从主人的命令，或者在战场上有所失时，那么必然危及主人的性命。因此，拥有一匹身经百战并与主人心灵相通的战马十分难得。

此般事例还有很多。《东周列国志》里讲，唐成公得到了两匹名马，名叫“骕骦”。它们的皮毛雪白如练，体态高耸。唐成公出使楚国之时，用这两匹马拉车。楚国的权臣囊瓦看见这两匹马驾车，速度快而且稳当，十分喜欢，就向唐成公讨要这两匹好马。唐成公不肯割爱，由此惹恼了囊瓦。囊瓦向楚

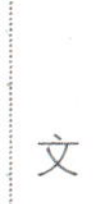

昭王进谗言说唐成公私通吴国，如果放他回到属地，必然会引导吴国攻伐楚国。于是，楚昭王强行扣押了唐成公。唐成公的儿子不见父亲归国，便令公孙哲到楚探视。公孙哲探听到唐成公被拘留的原因，偷偷地盗二马送于囊瓦。囊瓦看见这两匹马非常高兴。于是，第二天囊瓦就向楚昭王进言说，唐成公的封地地理位置偏僻且兵力薄弱，不足以成大事，楚昭王于是放唐成公归国。唐成公得到好马本是一件好事，没想到引起了别人的觊觎之心。正所谓，匹夫无罪怀璧其罪，此马的存在反成了一种祸害，致使唐成公被拘数月。

《禅真逸史》中也讲了一件因马惹祸的故事。张太公有个义子张楠在外为商，回家途中看见一匹好马，于是买下送与太公。太公的儿子张善相瞒着太公，叫家童牵出马来看，果然好马!“骅骝气概，骐骥良才。欺项羽之乌骓，赛云长之赤兔。临风蹀躞，昂昂千里欲腾空；对月长嘶，翼翼神威真绝影。”张善相看了这马，十分喜欢，于是叫家童喂饱马，备上上好的鞍辔，骑上马带着两个家童出门跑马。没承想在跑马的途中遇到了醉汉九头鸟。那马跑得性起，收勒不住，将九头鸟踹死。

张善相知道父亲得了匹宝马，便想玩耍玩耍，没承想因这匹马跑得性起，竟然踏死了人，自己不得不远走他乡避难，受了许多苦楚。明清小说中产生了许多劣马的形象，它们或者因为本身能力不足使主人蒙受灾祸，或者自身的存在给主人带来牢狱之灾。

▼徐渭以青藤道士自居，此为绍兴徐渭故居青藤书屋

还有一种马，在故事中被作为蒙骗人的工具。《北宋志传》第一回就写到借献马而手刃仇人的故事。故事的主人公，为名将呼延赞，不过，当时隐姓埋名为“马赞”。耿忠曰：“适与强人相

争，赢得一匹好马，名曰‘乌龙马’。将要送往河东，卖与欧阳丞相，因过尊兄庄上，特来相访。”马忠曰：“既贤弟有此好马，不如只卖与小儿，就中更有事理。”……耿忠令赞近前，谓之曰：“汝今只将此马送入欧阳昉府中，称作拜见之物。他得此马，定问汝要何官职，须道不愿为官，只愿跟随相公养马，彼必喜而收留。待遇机会处，因而杀之，此冤可报也。”赞拜受其计，瞅准时机报了父仇。在这个故事中，马是无感情色彩的，基本上只是主人公用来蒙骗仇人的一个道具。

▲河南郏县明代墓出土的陶院落中的部分马的造型

此类劣马，是中国文学中的异类，与神异之马救助世人、进献宝马谋利求和、上级赐马笼络人心不同，其存在丰富了文学中马形象的故事类型，反映了普通民众的生活和潜在的心理意识，显现了人们的审美理念和道德观念，使得马形象更加丰满多样，使得马形象更具人性色彩，以此达到艺术表达功能的需要，构建出中国马形象的完整故事逻辑体系。

乌骓马义殉其主

——明代甄伟《西汉演义》

霸王见亭长舣船相待，久而不去，知为长者，乃谓曰："吾知公为长者，吾有此马骑坐，数年以来，所向无敌，尝一日行千里。今恐为汉王所得，又不忍杀之，公可牵去渡江，见此马即如见我也，此亦不相忘之意。"遂命小卒牵马渡江。那马咆哮跳跃，回顾霸王，恋恋不欲上船，霸王见马留连不舍，遂涕泣不能言。众军士揽辔牵马上船，亭长方欲撑船渡江，那马长嘶数声，望大江波心一跃，不知

▼江苏徐州汉王车马出行大型雕塑

所往。

——《西汉演义》第八十四回

明代甄伟的长篇小说《西汉演义》叙述了秦始皇统一天下后，项羽、刘邦反秦暴政及灭秦后楚汉相争的故事，描绘了项羽、刘邦、张良、韩信等一大批历史人物形象。在描写项羽时，提到了其坐骑名马乌骓。乌骓为黑马，通体如黑缎一般，油光放亮，唯有四个马蹄子部位白得赛雪。乌骓背长腰短而平直，四肢关节筋腱发育壮实，又唤"踢雪乌骓"，建立功勋无数，心甘情愿供霸王驱使一生，在项羽时期号称"天下第一骏马"。

霸王项羽驯野马"乌骓"的故事曾广为流传。

众人马头前告曰："涂山大泽中，有一黑龙忽化为马，每日至南阜村咆哮，揉踏禾黍，民不能禁。闻将军大兵至，愿为民除害。"籍同恒楚等数十人，步行到大泽边，只见那马见人来到，咆哮近前，两足腾起，其势有啮人之状。籍大呼叱咤，捺衣近前，就势将马鬃揪住，直身上马，绕泽边驰骤十余遍，马汗出势弱，遂搭辔徐行一二里，无复跳跃。……又将所降马，牵过堂下。那马高七尺，长一丈，真龙驹也，梁遂命名曰乌骓。（《西汉演义》第十一回）

据言"乌骓"当初被捉到时，野性难驯，无人能骑。项羽驯马有术，骑上"乌骓"便扬鞭奔跑，一林穿一林，一山过一山，乌骓马非但没将他摔下，反倒汗流如注，身疲力竭。骑在马上的霸王想将马驯服得动弹不得，便抱住一粗壮树干，"乌骓"不甘示弱，拼死挣扎，将那树连根拔起，"乌骓"折服于霸王的"拔山"之力，心甘情愿跟随霸王一生。

因这匹乌骓马，项羽巨鹿之战，九战九捷，以少胜多；力战60多员汉将，霸王枪未点地，马未倒退半步，身经百战无有败绩。"数年以来，（乌骓）所向无敌，尝一日行千里。"只是，可叹乌骓宝马随霸王死在垓下大战中。当时"遂命小卒牵马渡江。那马咆哮跳跃，回顾霸王，恋恋不欲上船，霸王见马留连不舍，遂涕泣不能言。众军士揽辔牵马上船，亭长方欲撑船渡江，那马长嘶数声，望大江波心一跃，不知所往。"乌骓自跳乌江而死，上演了一曲悲歌。郭沫若先生为此写下七律无题诗歌颂乌骓马："传闻有马号乌骓，负箭满身犹

▲项羽画像

急驰，慷慨项王拖首后，不知遗革裹谁尸?”义殉其主，诀别之际，悲痛万分，读来令人唏嘘。在此，马意象被伦理化、情感化，通过马的结局来书写人生的起伏跌宕，烘托英雄落魄失势时的困境。

人与动物意识之间的互渗，是马意象活跃的一个重要动因。中国古人极为重视马这样“半是畜力，半是动物”的大牲畜。《后汉书·马援传》里就讲过骑马远征的将军说过“马者甲兵之本，国之大用”的名言。将马与人对应时，马与人的恩怨传说尤其不可忽视。以儒家进取参与精神为主的士大夫，在选择与传扬俗世有关人马关系的过程中，不可避免地融入了自身的人格理想与价值取向，构建了马文化观念层面的核心部分。

明清时期，小说开始独放异彩，在“骥骥人才”“宝马英雄”模式的映照下，神魔小说、历史传奇小说和侠义小说，偏爱马形象，用大段的文字篇幅描写其毛色体态，刻画其性格品质。明代前期文言笔记小说《七修类稿》事物类中，就有专门的马名考，共罗列如意骝、山子、挟翼、追电、绿螭、龙子、绝尘、玉逍遥、超光、紫玉等 70 余种名马。

此时期的马形象，依然沿袭前代各个时期马形象的典型特点，即宝马英雄模式，而写好名马与名将之间的血肉联系，则是小说家尤其是描写战争故事的小说家的基本任务之一。小说中英雄在战场上的首次亮相必然要跨一匹宝马，“健儿需快马，快马需健儿”，宝马唯有与英雄相配，才能符合大众的审美观，才能体现英雄的飒爽英姿和勇武刚劲。正如项王之骓，苻主之騧，桓氏之骢，晋侯之驳，魏公绝影，唐国骕骦，刘备的卢，吕布赤兔，曹植惊帆，张飞豹月乌，秦叔宝忽雷骏，郭子仪狮子花，慕容廆赭白等。明清小说中将汉朝诗文中形成的宝马英雄模式描写到了极致，在英雄骑宝马的形象上进行了升华和补充，将它发展成为一个完整的故事体系，衍生出英雄需宝马、英雄识宝马、英雄驯宝马以及宝马助英雄的主题，展现了英雄的风姿，凸显出宝马勇猛的形象。

引人注意的是，明清小说中马的毛色基本上都是五单色，即青（木）、赤（火）、黄（土）、白（金）、黑（水）或者五色中二色的杂配，对马的皮毛花色描写达到了传统五正色齐全的局面。这是古人对天地间色彩的理解，承载着古人五色文化的审美意识。

对于乌骓的描述，在其他小说中亦有体现：

天子（徽宗）看见呼延灼一表非俗，喜动天颜，就赐踢雪乌骓一匹。那马浑身墨锭似黑，四蹄雪练价白，因此名为"踢雪乌骓"。那马，日行千里。（《水浒传》五十三回）

太祖举眼一看，真个是：豹头猿眼，燕额虎须。挺一把六十斤大刀，舞得如风似电；驾一匹捕日乌骓马，杀来直撞横冲。（《英烈传》第十回）

五色中的"青"，《开辟演义》二太子名苍舒"头戴凤翅紫金盔，身穿大红锦战袍，手提三尖两刃刀，坐下追风青骢马"；《儿女英雄传》纪献唐看重的是一匹铁青马、昭陵六骏中的青骓马；《东汉演义》中王莽招抚十大王所用的青鬃马等；再看"赤"，最出名的莫过于关云长的那匹赤兔马；赵匡胤的赤麒麟"那马周身如火炭一般，身条高大，格体调良"；昭陵六骏之一的什伐赤等等。"黄"者，凌烟阁 24 功臣之一秦琼秦叔宝所骑的黄骠马，《粉妆楼》中"右边一将，黄面金腮，头顶金盔，身披金甲，手执金装锏，胯下一匹黄骠马"。"白"者，《西游记》唐僧胯下的白龙马，岳飞的闪电白龙驹等。用纯然的五正色展示"马"刚毅脾性的同时，也突显了英雄将领的纯粹性格，具有彰显"马"原始

▼汉代"千秋万世"瓦当

乌骓马

生命力的作用。

历代以来，明清小说中马形象的故事类型最为丰富，借小说的独特表达方式，将前代马形象的各种故事模式全面地展现在读者面前，并将其进行升华重塑。这一时期的马形象不再是人们所常见的经过变形的富有神性和人性色彩的马，其作为交通工具的实用性功能降低，政治性和审美性功能加强，马与人的恩怨纠葛成了故事的主要方面。以马为着眼点，从小处窥视中国深厚的文化内蕴，不得不令人感叹经典的博大精深和动人的艺术魅力！

四蹄生火传急讯

——清代李芳桂《火焰驹》

胯下的火焰驹四蹄生火，
正奔驰又只见星稀月落。
加一鞭且从那草坡越过，
惊动了林中鸟梦里南柯。

——秦腔《火焰驹》选段

这是一个流传极广的戏曲故事，许多剧种都移植传唱。尤以秦腔享誉，秦腔本名《火焰驹》，又名《卖水记》《大祭桩》《宝马圆情》等。剧本作者是清中期陕西渭南剧作家李芳桂（又称李十三），原为华阴碗碗腔皮影戏剧本。后首先移植为秦腔搬上舞台，京剧、豫剧、晋剧等剧种皆有移植本。“火焰驹”原为一匹良马，奔走时四蹄生火，在剧中有传信奔走之功。马主人艾谦是一

▼清代弓箭手

位急人之难、知恩必报的义士。剧中用这匹神骏来衬托义士的高风亮节。

▲陕西凤翔清代版的《火焰驹》插图

故事讲述了宋时，朝臣李绶之子李彦贵与黄璋之女黄桂英自幼定亲。李绶遭陷被抄，含冤入狱。当时，其长子奉命边关御敌，次子李彦贵则流落街头。黄璋企图昧婚，桂英不从，终日闷坐绣楼。丫鬟梅英设计让桂英和以卖水为生的李彦贵花园相会，不料当晚相约赠银时被人害命。李彦贵遂被诬入狱行将斩首。桂英冒雨到法场祭桩，途中遇李母和大嫂，因受误解而遭打，经一番哭诉表露真情，共赴法场。同时，宝马火焰驹带义士赶往边关，李家长子速回，结局圆满。该剧因剧种不同，情节略有差异。

《火焰驹》的本事，在《宋元戏文辑佚》中有著录作品《林招得》，记载林招得与黄玉英的故事：

陈州林百万子招得，与黄氏女玉英指腹为婚。不幸林氏屡遭灾祸，家道中落，招得只得以卖水度日。黄父嫌他贫穷，逼他退婚。玉英知道此事，约招得夜间到花园里来，要以财物相赠。事为萧裴赞所知，冒充招得，先到花园里去，把婢女杀死，抢了财物逃走。黄父就以招得杀人诉官。招得受不起刑罚，只得招认，判决死罪。后来包拯巡按到陈州，辨明招得的冤枉，把他释放了。招得入京应试，中了状元，终与玉英团圆。

明代无名氏有《卖水记传奇》，将主人公名字林招得改为李彦贵，黄玉英改为黄月英，没有传本，仅仅在《词林一枝·卷四》里选录了一出《黄月英生祭彦贵》，情节与《林招得》大致相同。又有唱本《陈英卖水伸冤记全传》二卷，该唱本中将林招得改为陈英，黄玉英改为柳兰英，这一唱本的时间更在《卖水记传奇》之后。

▲清代骑马俑

从以上史料的记载我们可以看出，《火焰驹》中李彦贵与黄桂英的故事情节的雏形，李芳桂的《火焰驹》又添加了李彦荣、丫鬟芸香，以及艾谦骑火焰驹传信的故事情节。

宝马火焰驹带义士赶往边关传讯的故事情节，并非作者无意安排，而是有着深厚的文化渊源。火焰驹，曾在《三国演义》中出现，曹操大败于赤壁之战，落荒而逃于华容道，此时胯下坐骑“火焰驹”骤然止步。程昱道：“丞相这匹火焰驹极有灵性，遇到猛兽大虫，或是敌情，就会低鸣报警。”足见其灵性聪颖。

剧本中，描述“胯下的火焰驹四蹄生火”，形容奔驰的马的身影如火一样灵动“加一鞭且从那草坡越过，惊动了林中鸟梦里南柯”，写出了马的神骏、超凡，其速如闪电。这匹一日一夜能行千里，金勒一放，只见满道尘沙飞扬的火焰驹，它的出现解决了之前的所有冲突与矛盾。它将消息传送，李彦贵得以被救，二位男主人喜得佳偶。王强被斩，黄璋被罚，善恶终得有报，各种悲欢离合到此结束，达到了大团圆的结局。本剧又名《宝马圆情》，就是突出了宝马火焰驹在情节中的重要意义。这如火一样不羁、如火一样奔驰的马，更是折射出中国文人内心深处对良马的期许。

中国的戏剧起源于周秦时期的歌舞，即所谓的“百戏”时代。“百戏”源于周朝时的散乐，是古代杂技、乐舞表演的总称，其后盛于汉、魏、隋、唐。在“百戏”中有真马的记载始于汉代。汉代的平乐观可谓演戏、宴会的娱乐活动场所，不少史料记载其有真马演戏的事例。例如，张衡《西京赋》提及平乐观前广场演出中有“百马同辔，骋足并驰”；李尤《平乐观赋》的“戏车高橦，驰骋百马”，则描绘了汉代百戏有真马演出的情况。到了隋炀帝时，由于突厥染干来朝，在洛阳发动一次“绵亘八里”的“百戏”表演，薛道衡《和许给事善心戏场转韵诗》描述了此种“戏场”演出情况。唐宋时期多有“马舞”和“马戏”表演，五代后唐的庄宗设置了伶官，以皇帝之尊参加演出，可谓中国戏剧的发端。

中国戏剧与马有关的作品非常丰富，如粤剧《刘金定斩四门》，评剧《三本铁公鸡》，京剧《盗御马》《红鬃烈马》《秦琼卖马》《挑滑车》《火焰驹》《十三妹》和《樊江关》，蒲剧《火焰驹》，越剧《孟丽君》，昆曲《吕布试马》《昭

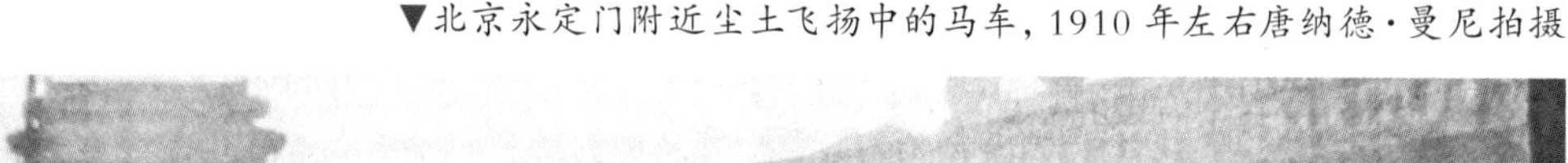

▼北京永定门附近尘土飞扬中的马车，1910年左右唐纳德·曼尼拍摄

君出塞》《智取威虎山》，豫剧《人欢马叫》《马岱招亲》《马胡伦娶妻》《收马武》《斩马谡》《战马超》《收马岱》《墙头马上》《马前泼水》《马跳潭溪》《马踏青苗》，折子戏《挡马》《霸王别姬》《穆桂英挂帅》，有双人趟马的如《打孟良》《宝马圆情》《赐袍赠马》《响马传》《路遥知马力》《马鞍山》《金马门》《马昭仪》《战马超》《斩马谡》《瘦马御史》《贩马记》。《追韩信》中有三人趟马；《大溪皇庄》中有四人趟马；《昭君出塞》中有集体趟马，等等。戏曲中的作品可谓是“十有九马”。

戏曲是表现人的艺术，马的戏曲作品固然多，但是马在戏曲中一般并非是一种意象，而是马就是马。它的作用一般是供演员表演，是为了衬托人而存在。马俊逸健硕的身体代表着一种腾跃跋扈的力量，品种名贵的马代表着主人的身份地位和门第等级，拥有马匹的数量多寡是古代国家的军事实力是否雄厚的象征。马的成群结队、团结一致代表的是群体社会的井然有序与和谐，马与人之间默契地相互配合更是一种集成的文化现象，一种民族的心态。

火焰驹衬托义士高风亮节。薛平贵降服红鬃烈马，窦尔敦盗御马，秦琼卖马喻英雄困境，皆是以马喻主英武。这种敬马、爱马、崇马、颂马、赞马的民俗文化现象，根植于中华民族的精神生活之中，并一直继承延续至今。

失而复得画中马

——清代蒲松龄《画马》

▼蒲松龄故居，位于山东淄博市洪山镇蒲家庄

临清崔生，家窭贫。围垣不修。每晨起，辄见一马卧露草间，黑质白章；惟尾毛不整，似火燎断者。逐去，夜又复来，不知所自。崔有好友，官于晋，欲往就之，苦无健步，遂捉马施勒乘去，嘱属家人曰："倘有寻马者，当如晋以告。"既就途，马骛驶，瞬息百里。夜不甚餤刍豆，意其病。次日紧衔不令驰，而马蹄嘶喷沫，健怒如昨。复纵之，午已达晋。时骑入市廛，观者无不称叹。晋王闻之，以重直购之。崔恐为失者所

寻，不敢售。居半年，无耗，遂以八百金货于晋邸，乃自市健骡以归。

后王以急务，遣校尉骑赴临清。马逸，追至崔之东邻，入门，不见。索诸主人。主曾姓，实莫之睹。及入室，见壁间挂子昂画马一帧，内一匹毛色浑似，尾处为香住所烧，始知马，画妖也。校尉难复玉命，因讼曾。时崔得马赀，居积盈万，自愿以直贷曾，付校尉去。曾甚德之，不知崔即当年之售主也。

——蒲松龄《聊斋志异·画马》

临清县（今山东临清市）有名崔生，家境贫困，垣墙破损也没钱修理，生活很是拮据。那些天，崔生清晨醒来，发现院子里有一匹马卧在露水草地上。它毛色黝黑发亮，匀称齐整的白色花纹镶嵌其间，只是尾巴明显短了一小截，似是被火烧断过。将它赶走，夜里它又折返回来。崔生本在山西有位为官的旧友，想去探访，正苦于无坐骑，便决定给这匹马配上马鞍，骑它去山西。临走前，他告知家人，若有寻马人，一定要如实相告。

在路上，崔生发觉这是一匹好马，跑起来又快又稳，数百里的路一晃而

▼清代木鞍马，内蒙古呼和浩特征集

过。最奇怪的是，那匹马既不吃草料，也不喝水，崔生以为马生病了。次日，便拉紧马嚼子，想放慢速度以节省体力，而此马竟愤蹄嘶叫，嘴里喷着口沫，其体力并不减昨日，依旧风驰电掣地飞奔。崔生便任由它的性子奔驰，午时便到了山西。

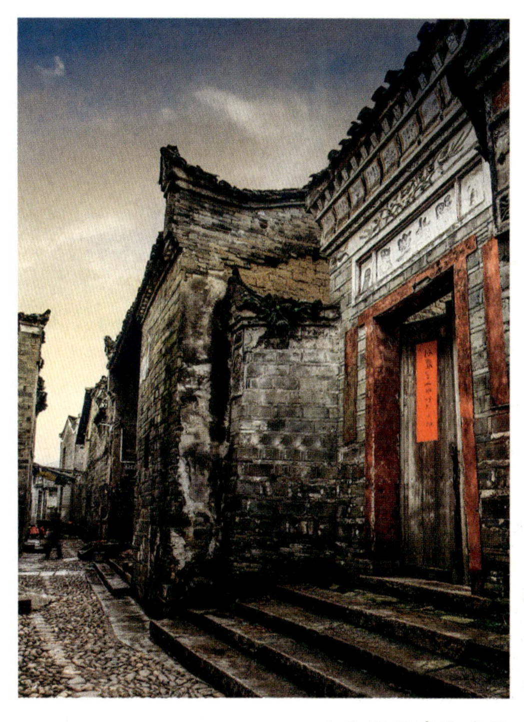

▲典型的清代建筑

此后，崔生常骑马来集市，看到的人无不赞赏那匹马。消息传到晋王府，晋王素来爱马，意用重金购买此马。崔生担心丢马之人来寻，不敢出售。住有半年，眼见无人来寻，就用八百金向晋王出售了此马，自己则从集市上买了一匹健壮的骡子骑着回家。

几年后，晋王派了一名卫士，骑着那匹马到临清县办事。到了临清县，马受惊狂奔，追到崔生家东边的曾家门前，入了门便不见了踪影。卫士去曾家找寻失马，但曾家上下都没见有马走进来。卫士正想离去，突然发现墙上挂着一幅元代画家赵子昂的《八骏图》，神形逼真。其中七匹马都是光着背脊，只有一匹却配了马鞍，马尾部分被檀香烧破了一个小洞，才知此马为画中之马。卫士丢了马难以复命，便将曾姓告上县衙。崔生得了那八百金巨款，居积盈万，愿意支付丢马的赔款，担保曾姓邻居。曾姓邻居很是感激，却不知崔生便是当年出售这匹神马的雇主。

《画马》出自《聊斋志异》卷八第一篇，小说以神异故事衬托赵子昂画马的技术高超，颇具深意。崔生贫穷，但诚实、笃厚。虽穷却能洁身操守，不私藏他人财物。后来得知东邻曾姓受牵连被校尉诉讼，在别人并不知道他有卖马的情形下，主动帮助赔偿了马钱。一个诚实厚道的人得到神灵（神马）的帮助，算是对厚德的褒奖了。

故事给马赋予了神性的描述。宋末元初的赵孟頫，字子昂，号雪松，是著名的书画大师，被称作“元人冠冕”。他善画山水、人物、花鸟、竹石、马畜，书法与欧阳询、颜真卿、柳公权并称“楷书四大家”。传说其画马痴迷，创作了大量以马为题材的作品。他曾“踞床作马滚尘状”，体会马的不羁体态和恣肆快意，淋漓倾泻画笔之下，才有了画出神马的故事来。

“飞腾自是真龙种，健笔何年貌得来？照室神光欲飞去，秘图不敢向人开。”画卷中走出的神马，得益于艺术家高超的画技。无论是赵子昂的断尾神马，还是韩幹画本上寻医治脚病的骏马，均是突出画马者丰富的创造力。在马文化氛围的烘染之下，故事在民间广为流传，表达了民众对艺术大师技艺的推崇。画马艺精是马文化的一线折光，是人的主体作用的投影，更是中国爱马尚马思维的深刻印痕。

聊斋先生蒲松龄，长期接触底层人民生活，以数十年时间，写成短篇小说集《聊斋志异》。其书运用唐传奇小说文体，通过谈狐说鬼的方式，或揭露封建统治的黑暗，或抨击科举制度的腐朽，或反抗封建礼教的束缚，具有丰富深刻的思想内容，为我们展示了一个世俗、真实的清代社会，塑造了一个“上至帝王将相，下至乞丐妓女的庞大的形象系统”（任笃行《全校会注集评聊斋志异》）。林林总总的人物中，《画马》中的崔生形象是其庞大书生群体中的一例。虽然生活潦倒，“家窭贫”“围垣不修”，但是饱读圣贤书的书生仍然坚守着儒家传统的伦理道德修养，用孝悌、仁义礼智信等美好品质来维护自己精神世界的独立与高洁。

▼清代白玉马上封侯带扣

这是封建时代落魄文人的缩影，亦是蒲

松龄一生潦倒落魄却坚守内心品格的体现。个人经历使得作者对下层书生的真实处境有着深刻的了解。为了抒发内心的感受，他用生花妙笔将自己的经历理想化和浪漫化，为这些怀才不遇、失意感伤的书生们设计了“寤寐思之”的美好结局。《画马》中的崔生因卖马“居积盈万”改变了原来的生活际遇，在困顿中他依旧诚实厚道，不私自占有他人的物品。即使在邻居不知情，“曾甚德之，不知崔即当年之售主也”的情况下，依旧慷慨解囊，携带着深厚的儒家文化印记。蒲松龄创作的书生形象，对后世的《子不语》《儒林外史》等产生过深远的影响。

值得注意的是，《画马》中有“围垣不修”的细节。“墙”在蒲松龄文学创作中频繁出现，蕴含着丰富复杂的含义，具有强烈的象征意义。在中国传统文化主流话语中，尤其是“在儒家伦理文化中，‘墙’又是秩序和规范的象征，‘墙’具有了强烈的社会文化功能”（郑积梅《“墙”意象的文化象征与文学表现》）。

断尾之马走出画卷，参与到故事情节中，推动了事件的发展，是《聊斋志异》中诸多神奇故事中普通的一例。冯镇峦言：“如名儒讲学，如老僧谈禅，如乡曲长者读诵劝世文，观之实有益于身心，警戒顽愚。至说到忠孝节义，令人雪涕，令人猛醒，更为有关世教之书。”通过神异故事讲述平凡之理，《聊斋志异》可谓中国古代文言短篇小说的代表之作。

生前谁解怜神骏

——清代林则徐《驿马行》

▼清代驿马、驿使雕塑，天津邮政博物馆藏

有马有马官所司，绊之欲动不忍骑。骨立皮干死灰色，那得控纵施鞭棰。生初岂乏飒爽姿，可怜邮传长奔驰。昨日甫从异县至，至今不得辞缰辔。曾被朝廷豢养恩，筋力虽惫奚敢言。所嗟饥肠辘轳转，只有血泪相和吞。侧闻驾曹重考牧，帑给刍钱廪供菽。可怜虚耗大官粮，尽饱闲人囷人腹。况复马草民所输，征草不已草价俱。厩间糟（槽）空食有几，徒以微畜勤县符。吁嗟乎！官道天寒啮霜雪，昔日兰筋今日裂。临风也拟一悲嘶，生命不齐向谁说。君不见太行神骥盐车驱，立仗无声三品刍。

▲林则徐写作时的蜡像

道光十九年（1839年），林则徐奉命查禁鸦片，在广东虎门开展了轰轰烈烈的销烟运动，成为中国近代史上的第一位民族英雄。这位清朝中后期的政治家、思想家，从政40年历官14省，曾历任湖广总督、陕甘总督和云贵总督，两次受命钦差大臣，天南地北戎马奔波，时时处处都表现出强烈的民族责任感。鸦片战争爆发后，林则徐因强烈主张抗英而获罪，遣戍新疆，职务和心态的双重变化使他在文学创作尤其是诗歌写作中的内容和情感更加丰富，对家国和民生的关注更加深沉。

嘉庆十八年（1813年）抵京至嘉庆二十四年（1819年）主理云南乡试结束返京复命，是林则徐从青年向中年过渡的京官生涯。主理云南乡试期间，他展现出了难得的洞察力和责任心。在赴滇沿途2500公里的长途中，林则徐以诗怀古，抒发对历史的感叹、对英雄人物的崇敬，如《汤阴谒岳忠武庙》《孟县拜韩文公集》《光武井》等；林则徐沿途考察民生风土，关注民生利病，奈何无权辖管。因此，借用写景抒发自己的政治思想和感慨，提出了立志兴利除弊、同情劳苦大众的意愿，如这首著名的《驿马行》。

《驿马行》运用了古民歌的笔法，语言朴实直白，通俗易懂。"生初岂乏飒爽姿，可怜邮传长奔驰"，想当初英姿飒爽的骏马，可惜埋没至驿站，瘦骨嶙峋，皮毛干涩如死灰，令人心生怜惜不忍骑行，"那得控纵施鞭棰"，却仍然受到挥鞭驱使。庸庸碌碌，疲疲沓沓，因感念朝廷豢养之恩，即使不得志也无怨言，唯有咽下血与泪。雪上加霜的是，贪腐官吏公饱私囊，克扣粮草，即

▲林则徐被发配新疆时，途经甘新交界的星星峡

使不得志的驿马，也要饿着肚子行走在天寒地冻的驿道上，命途多舛无处诉说。“官道天寒啮霜雪，昔日兰筋今日裂”，临着寒风悲凉地嘶鸣一声，亦是无力且无奈。

“饥肠辘辘，血泪相吞”的驿马悲行在一眼望不到边的古道上，寒风中的哀鸣控诉着吏治的腐败和民生的疾苦。然而，风霜依旧在咆哮，驿马重役的遭遇随处可见，昏庸无能的腐败官吏的恶行仍然在继续。此时的林则徐已过而立之年，人到中年才终于获得了此次出京办差的机会，颇有怀才不遇之感。心中的不平与感慨同样难以抒发，他托物言志，寄意于马，指责朝廷用人不当、赏罚不明，表达了对人才被埋没的痛心疾首，同时，使他产生了整顿吏治的终生志向。

随着阅历的丰富，人生感悟的逐渐深刻，这种情感到创作《病马行》时更是无法抑制：“生驹不合烙官印，服皂乘黄气先尽。千金一骨死乃知，生前谁解怜神骏。不令鏖战临沙场，长年驿路疲风霜。早知局促颠连有一死，恨不突阵冲锋裹血创。夜寒厩空月色黑，强起哀鸣苦无力。昔饥求刍恐不得，今纵得刍那能食。圉人怒睨目犹侧，欲卖死皮偿酒直。马今垂死告圉人，尔之今日吾前身。”

如果《驿马行》是林则徐对人才被埋没而心生怜悯悲愤，那么，《病马行》就是大声疾呼痛斥吏治昏聩了。天生就被烙下官印的马驹终生受到役使，无缘征战沙场，只能在驿道上常年奔驰；往昔饥饿求食而不得，如今年老体弱无力，无耻的养马人还要等马死了卖掉马皮换取酒肉。林则徐借垂死挣扎的病马揭示出残酷的现实，无数人才被昏庸的吏治埋没，碌碌无为却被榨干最后一点价值。这幅悲惨的场景映入眼帘，诗人对有志之士受到压抑摧残无比愤慨。“千金一骨死乃知，生前谁解怜神骏”，既有对伯乐的期待，也充满了对统治者的鄙夷和讽刺。生前不得志，死后尸骨值千金又有何用?“早知局促颠连有一死，恨不突阵冲锋裹血创”，这是何等的英雄气概！此时的林则徐刚刚领到出京办差的机会，尚是一介文人书生，却有宁可战死绝不苟活的壮志。林则徐对庸碌官吏埋没人才的行径深恶痛绝，甚至施下诅咒：“马今垂死告圉人，尔之今日吾前身”。

历来对林则徐这两首马诗的理解，主要集中在其对人才困厄的社会现象不满、自己本身多年来怀才不遇的感悟、人尽其才的用人观等方面。正因为

▼1911年，汉口，拴着的军用马匹，图片藏于大英博物馆

深有体会，林则徐在官运亨通之时才格外注重延揽人才，为晚清乃至整个中国近代社会引导栽培了魏源、左宗棠这样具有先进眼光和改革才能的人才。

中国文学史上，多注重林则徐提倡“师夷”、主张开放的历史功绩，其耀眼的政治光芒和举世公认的历史业绩几乎掩盖了他独具特色的文学成就。以袁行霈主编的《中国文学史》为例，近代文学部分，对龚自珍、魏源等人的诗文创作均有介绍，对林则徐则以涵盖性的“悯民情怀”和“爱国激情”一语概括，引句也只有“苟利国家生死以，岂因祸福避趋之”这一名句，对其诗歌风格也只有“长于骈俪、‘气体高壮、风格清华’”的粗略概括而已，淡化了其文学成就。

不可否认，林则徐作为清朝开眼看世界的第一人，开阔了同时期文人的眼界，其题赠诗、西域诗、边塞诗都是首屈一指的名作。为官四十载，从京官的编修、御史到外官的监司、督抚以至钦差大臣，宦迹所至，从东南沿海到西北边疆，从中原腹地到西南边陲，治水患、严吏治、查禁销毁鸦片、治军防边、开垦边疆等阅历丰富了林则徐的诗歌创作。为官时，林则徐创作的诗歌不仅记录了个人不同阶段思想上的变化、情感上的起伏以及人生态度和处世方式，而且还反映了清王朝后期的重大事件和时代的变迁，使其诗歌呈现出“诗史”的性质，饱含爱国热情和民族精神，直抒蒙冤受贬的愤懑和关心时局的责任感。

无论是仕途顺利备受重用时的旷达博雅，还是遣戍新疆重病落魄的寂寞苍凉，林则徐总能以诗歌创作的形式抒发抑或振奋、抑或沉郁的爱国情怀，字里行间透露出蓬勃的热情和实干的态度，从而让他的诗歌立意深远、价值斐然。其关注民生和人才观的《驿马行》《病马行》就是杜甫《瘦马行》《病马》的再现，后人评《驿马行》称“神似少陵，读之令人声泪俱下”。

宝马英雄相映衬

——蒙古族史诗《江格尔》

阿兰扎尔劲秀的前腿，蕴寓着无比神速。

阿兰扎尔明亮的两眼，显露着无比机敏。

阿兰扎尔的后胯，好像巨大的铁砧，展示了体态的雄伟；

阿兰扎尔的长尾，八十八庹长，好像珊瑚，显示了它的潇洒俊美。

阿兰扎尔竖起两耳，坚硬的刀齿将铁嚼咬得几乎粉碎。

▼碧空原野一望无垠，万马奔腾

阿兰扎尔甩动脑鬃，脑鬃在阳光下光彩熠熠。

……

——《江格尔》选段

《江格尔》是蒙古卫拉特部的英雄史诗，是我国少数民族三大史诗之一。目前，国内外搜集到的约有60多部，长达十万行。史诗讲述了奔巴地方的首领乌宗·阿拉达尔汗之子江格尔两岁时，父母被魔鬼掳去杀害。藏在山洞里的小江格尔被善良的人发现收养长大，他从小就具有超常的智慧、高尚的品德、惊人的体力和高强的武艺。七岁时，就开始建功立业，兼并了邻近42个部落，被臣民推举为可汗。

以江格尔为首领的勇士们不断战胜来自周围部落的入侵，击败以蟒古思为头目的邪恶势力的进攻，逐渐扩大自己的力量、财富和领地，继而建立了以奔巴为核心的美好家园，使人们过着丰衣足食，相亲相爱的和平生活。但是，这引起了江格尔的仇敌的嫉恨，江格尔手下的能工巧匠、善马贤妻都成了被掠

▼蒙古族史诗英雄江格尔的雕像，屹立在新疆和布克赛尔县的文化广场上

夺的目标。史诗围绕着抢婚、夺财、强占牧地展开了一幅幅惊心动魄的战争场面，除一部序诗外，各部作品都有一个完整的故事，多以结义、婚姻和征战为主题，体现了远古蒙古族社会的经济文化、生活习俗、政治制度等诸多方面。

▲蒙古史诗《江格尔》

在《江格尔》中，“马”无处不在，无时不在。有大量对马形象的刻画与神化，与勇士同时出场的、以毛色命名的骏马就有30多匹，对故事、物象的叙述、评价、比喻也涉及马，可以说，没有马就成不了英雄史诗，英雄在马背上才能体现出其英勇无敌的本领。

史诗中有大量的颂词对马的体态、性情及英姿进行赞美，如对江格尔坐骑阿兰扎尔的描述：“阿兰扎尔的后胯，好像巨大的铁砧，展示了体态的雄伟；阿兰扎尔的长尾，八十八庹长，好像珊瑚，显示了它的潇洒俊美。阿兰扎尔竖起两耳，坚硬的刀齿将铁嚼咬得几乎粉碎。”突出马的优良体质，以蒙古族自己的审美情趣和价值观念描绘心中的完美伙伴。

在《江格尔》中，马是财富的象征，如“江格尔牧养着九千匹毛色血红的骏马”，“阿拉谭策吉有八万匹铁青马”，洪古尔“有九万匹铁青马放在哈拉盖河源”，胡德里·扎嘎尔国有八万匹黑马群，托尔浒的阿拉坦可汗有“一万匹玉顶豹花马”，扎拉干可汗的“马群一望无边，洪古尔跑了两个七天，才跑过那庞大的马群”，部落首领可汗都以拥有数量多和质量优的骏马而感到荣耀。在表述物品价值时，也以马匹作为衡量物。描述英雄的腰带时，往往说“腰束价值七十匹骏马的腰带”；描述阿盖的金耳环时，说“一两重的金耳环价值七百匹骏马”。在蒙古族各部落的生产生活中，牛羊群只是一个单纯的财产参照系数，而马群则不同，它是一个部落所具有的生产力、战斗力和活力。

在《江格尔》中，马更是重要的交通工具。蒙古高原的自然生态环境决定了蒙古族不论是放牧狩猎，还是结婚远征，都要到很远的地方才能完成，而快速敏捷的骏马具有其他牲畜不可比拟的优越性。在以“婚礼”与“征战”为主要题材的史诗中，马是最基本的要素。没有马，勇士“寸步难行”。例如，洪古尔在与马拉查干争夺新娘时，查干兆拉可汗说：“你们双方竞赛，谁赢得胜利，谁就聘娶我的爱女！”比赛的第一项就是举行五十伯勒的远途赛马。另外，史诗中还提到过在江格尔的婚礼上也举行过赛马。在战争中，马更是不可缺少的工具。史诗中所反映的每一场战争均有骏马的参与，真是“没有马就成不了英雄史诗”。

蒙古族对马的热爱体现在生活的各个方面，将马视为家庭中的重要成员，禁止任意宰杀，马匹死后亦要厚葬。在蒙古族的眼中，马具有功利与审美的双重价值，往往与勇猛、忠义、赤诚等审美意象紧密联系，史诗《江格尔》

▼康熙年间的《西域图册》，展现了西域放牧群马的情景

中更是不惜言辞地赋予马以人格。于是，马成为勇士密不可分的坐骑，并被赋予了人的性格，马会说话，有人的思维，有情感，通晓人性。

宋人彭大雅的《黑鞑事略》描述蒙古人说："其骑射，则孩时绳束以板，络之马上，随母出入。三岁，索维之鞍。俾手有所执射，从众驰骋。四五岁，挟小弓矢短。及其长也，四时业田猎。"从小至大的相生相伴，牧民们深深懂得"一种神速的骏马，牧人珍惜如命的伙伴"。史诗中的英雄们都拥有与自己脾气性格相称的坐骑，江格尔与神马阿兰扎尔，洪古尔与铁青马，阿拉谭策吉与大江马，萨布尔与栗色马，萨纳拉与红沙马，美男子明彦与他的银合马，对马的描写在一定程度上体现了主人的形象特征。江格尔率领六千又十二名勇士去追赶窃马贼阿里亚·芒古里时，说：

从那起伏的丘陵，
从那清冽的泉边，
从那碧绿的草场，
赶来了六千又十二匹肥壮的骏驹，
各由五十名儿郎牵着纯银的偏缰，
在金黄宫殿前备好鞍鞯，
江格尔的心爱的神驹，
在群马中昂首挺立，
它举起铁蹄，急于奔向异国的土地，
把牵着银缰的五十名儿郎，
拽得前仰后合不能站立。

史诗里对江格尔神马特立独行气质的刻画，达到见马如见主人的效果，并以阿兰扎尔是马中之首来烘托江格尔是人中之主的显要地位。

在描绘洪古尔与铁青马之间的感情时，将铁青马刻画为洪古尔心灵的唯一依托，为主人出谋划策。洪古尔去远方寻找新娘，没想到，正碰上"姑娘与大力士图赫布斯举行婚礼"，洪古尔"看了一眼心爱的铁青马，犹疑不决，左右徘徊"。铁青马看穿主人的心绪，便对洪古尔说：

你已度过了十八个春秋，

为娶亲离开家乡长途奔波，

如今和新娘还没有照面，

你就畏惧退缩。

难道你不怕辱没英雄的美名？

纵然你在战斗中牺牲，

宝木巴还会抚育出你这样的英雄！

铁青马的聪明在于它懂得如何把握尺度，从反面激励洪古尔之后，又从正面给他出主意：

你为何不揪住他的腰带，

为何不用你强壮的躯体压下去，

压断他的脖颈，

压断他的腰杆，

怎能叫人家举在空中两脚朝天？

在这场战斗中，洪古尔能够取得胜利，铁青马实在是功不可没。铁青马的过人智慧由此也可窥见一斑。

因依靠而生眷爱，由眷爱再至崇拜，蒙古族欣赏马的刚烈与忠诚，崇尚马的勇武与进取。在他们的思维深处，马具备果敢精壮之美。当疾风劲草或沙尘腾起之时，骏骐结阵掠过草原，宝马与英雄的相互映衬，使蒙古族把对英雄的倾慕同时融入对马的依恋之中。

参考文献

[1] 蔡仪．文学概论 [M]. 人民文学出版社，2011.
[2] 程俊英，蒋见元．诗经注析 [M]. 中华书局，1991.
[3] 樊树云．诗经宗教文化探微 [M]. 南开大学出版社，2001.
[4] 方玉润．诗经原始 [M]. 李先耕点校．中华书局，1986.
[5] 傅亚庶．中国上古祭祀文化（第二版）[M]. 高等教育出版社，2005.
[6] 傅隶朴．春秋三传比义 [M]. 中国友谊出版公司，1984.
[7] 左丘明．国语 [M]. 上海古籍出版社，2015.
[8] 侯仁之．黄河文化 [M]. 华艺出版社，1994.
[9] 江林．《诗经》与宗周礼乐文明 [M]. 上海古籍出版社，2010.
[10] 李建中．中国文学批评史 [M]. 武汉大学出版社，2015.
[11] 李学勤．十三经注疏 [M]. 北京大学出版社，2000.
[12] 刘勰．文心雕龙注释 [M]. 周振甫注．人民文学出版社，2002.
[13] 刘源．商周祭祖礼研究 [M]. 商务印书馆，2004.
[14] 司马迁．史记 [M]. 中华书局，2011.
[15] 宋镇豪．夏商社会生活史 [M]. 中国社会科学出版社，1994.
[16] 孙希旦．礼记集解 [M]. 沈啸寰，王星贤点校．中华书局，1989.
[17] 孙诒让．周礼正义 [M]. 中华书局，2000.
[18] 吴如嵩．孙子兵法新论 [M]. 解放军出版社，1989.
[19] 孙作云．诗经与周代社会研究 [M]. 中华书局，1966.
[20] 王巍．诗经民俗文化阐释 [M]. 商务印书馆，2004.
[21] 扬之水．诗经名物新证 [M]. 北京古籍出版社，2000.
[22] 杨伯峻．春秋左传注 [M]. 中华书局，1990.

[23] 杨殿奎，夏广洲，林治金．古代文化常识[M]. 山东教育出版社，1983.

[24] 袁行霈．中华文明之光[M]. 北京大学出版社，2004.

[25] 张树波．国风集说[M]. 河北人民出版社，1993.

[26] 张亚初．殷周金文集成引得[M]. 中华书局，2001.

[27] 赵明．先秦大文学史[M]. 吉林大学出版社，1993.

[28] 赵沛霖．诗经研究反思[M]. 天津教育出版社，1989.

[29] 钟敬文．钟敬文民俗学论集[M]. 上海文艺出版社，1998.

[30] 周振甫．诗经译注[M]. 中华书局，2002.

[31] 朱熹．诗集传[M]. 岳麓出版社，1994.

[32] 丁巍,付元清. 中国文化小百科全书（第一卷）[M]. 中国物资出版社，1999.

[33] 郭丹. 左传国策研究[M]. 人民文学出版社，2004.

[34] 顾炎武. 日知录[M]. 上海古籍出版社，1985 .

[35] 袁珂. 山海经校译[M]. 上海古籍出版社，1985.

[36] 赵逵夫. 屈骚探幽[M]. 甘肃人民出版社，1998.

[37] 刘向. 战国策[M]. 上海古籍出版社，1985.

[38] 王立. 中国文学主题学——意象的主题史研究[M]. 中州古籍出社，1995.

[39] 杨波,陶永生. 十二生肖与中国文化丛书—— 生肖马[M]. 齐鲁书社，2005 .

[40] 萧兵. 楚辞文化[M]. 中国社会科学出版社，1990.

[41] 李中华. 词章之祖——《楚辞》与中国文化[M]. 河南大学出版社，1998.

[42] 李凯. 儒家元典与中国诗学[M]. 中国社会科学出版社，2002.

[43] 茅盾. 神话研究[M]. 百花文艺出版社,1981.

[44] 方豪. 中西交通史[M]. 岳麓书社，1987.

[45] 北京大学《荀子》注释组. 荀子新注[M]. 中华书局，1979.

[46] 杨伯峻. 春秋左传注[M]. 中华书局，1981.

[47] 杨伯峻. 论语译注［M］. 中华书局，1980.
[48] 许志刚. 诗经论略［M］. 辽宁大学出版社，2000.
[49] 袁行霈. 中国文学史（第一卷）［M］. 北京：等教育出版社，1999.
[50] 叶舒宪. 中国神话哲学［M］. 中国社会科学出版社，1992.
[51] 朱熹.《诗经集传》［M］. 吉林人民出版社，2005.
[52] 贾公彦. 周礼注疏［M］. 北京大学出版社，1999.
[53] 陈成. 山海经译注［M］. 上海古籍出版社，2008.
[54] 钱锺书. 谈艺录［M］. 中华书局,1984.
[55] 郭沫若. 屈原研究［M］. 中国人民大学出版社，2005.
[56] 司马迁. 史记［M］. 中华书局，1959.
[57] 沈德潜. 古诗源［M］. 中华书局，1963.
[58] 方东树. 昭昧詹言［M］. 人民文学出版社，1961.
[59] 姚思廉. 梁书［M］. 中华书局，1973.
[60] 姚思廉. 陈书［M］. 中华书局，1972.
[61] 李延寿. 南史［M］. 中华书局，1975.
[62] 王琦. 李贺诗集［M］. 人民文学出版社，1959.
[63] 唐明邦. 周易评注［M］. 中华书局，1995.
[64] 保罗·斯特瑞. 动物世界写真：马［M］. 天津人民美术出版社.1998.
[65] 刘勰. 文心雕龙[M]. 上海古籍出版社,1989.
[66] 李泽厚. 美学三书[M]. 安徽文艺出版社,1999.
[67] 陈廷焯. 白雨斋词话[M]. 上海古籍出版社,1984.
[68] 余嘉锡. 余嘉锡论学杂著［M］. 中华书局，1963.
[69] 欧阳修. 新唐书［M］. 中华书局，1999.
[70] 王溥. 唐会要［M］. 中华书局，1955.
[71] 杜甫. 杜诗详注［M］. 仇兆鳌注. 中华书局，1979.
[72] 浦起龙. 读杜心解［M］. 中华书局，1961.
[73] 王琦. 三家评注李长吉诗歌［M］. 上海古籍出版社，1998.
[74] 沈德潜. 唐诗别裁［M］. 上海古籍出版社，1979.

[75] 陈允吉，吴海勇．李贺诗选评 [M]. 上海古籍出版社，2004.

[76]［美］韦勒克，沃伦．文学理论 [M]. 江苏教育出版社，2005.

[77] 叶庆柄．唐诗散论 [M]. 台北洪范书店，1977.

[78] 陈寅恪．隋唐制度渊源略论稿 [M]. 中华书局，1963.

[79] 钱锺书．管锥编 [M]. 中华书局，1979.

[80] 余冠英．汉魏六朝诗选 [M]. 人民文学出版社，1978.

[81] 岑仲勉．唐人行第录 [M]. 上海古籍出版社，1978.

[82] 陈寅恪．金明馆丛稿初编 [M]. 上海古籍出版社，1980.

[83] 万绳楠．陈寅恪魏晋南北朝史讲演录 [M]. 安徽教育出版社，1983.

[84] 陆侃如．中古文学系年 [M]. 人民文学出版社 ,1985.

[85] 唐长孺．魏晋南北朝史论拾遗 [M]. 中华书局，1983.

[86] 田余庆．东晋门阀政治 [M]. 北京大学出版社，1989.

[87] 曹道衡，沈玉成．中国文学家大辞典：先秦汉魏晋南北朝卷 [M]. 中华书局，1996.

[88] 陈寅恪．唐代政治史述论稿 [M]. 上海古籍出版社，1997.

[89] 周一良．魏晋南北朝史论集 [M]. 北京大学出版社，1997.

[90] 黎虎．汉唐外交制度史 [M]. 兰州大学出版社，1998.

[91] 王运熙，顾易生．中国文学批评史 [M]. 上海古籍出版社，1996.

[92] 曹道衡、刘跃进．南北朝文学编年史 [M]. 人民文学出版社，2000.

[93] 张长弓．中国文学史新编 [M]. 开明书店，1935.

[94] 林庚．唐诗综论 [M]. 人民文学出版社，1987.

[95] 胡云翼．唐诗研究 [M]. 北京出版社，2016.

[96] 敏泽．形象意象情感 [M]. 河北教育出版社，1987.

[97] 陈植锷．诗歌意象论 [M]. 中国社会科学出版社 ,1990.

[98] 林庚．中国文学简史 [M]. 北京大学出版社，1987.

[99] 王立．病马、老马、慢马意象与佛经故事——文学意象家族与文人心态史探佚［J］. 辽东学院学报，2004（3）.

[100] 王麒．杜甫诗歌“波澜独老成”风格研究［J］. 西南农业大学学报（社

会科学版)，2006(4).

[101] 王运熙．七言诗形式的发展和完成 [J]. 复旦学报，1956(2).

[102] 胡大浚．边塞诗之涵义与唐代边塞诗的繁荣[J]. 西北师范大学学报，1986(2).

[103] 葛晓音．盛唐清乐的衰落和古乐府诗的兴盛 [J]. 社会科学战线，1994(4).

[104] 杨凤琴．魏晋六朝诗歌中的骏马意象 [J]. 内蒙古社会科学,2004(2).

[105] 林琳．论秦代以前中华民族的马文化 [J]. 广西民族研究,1999(1).

[106] 屈光．中国古典诗歌意象论 [J]. 中国社会科学，2002(3).

[107] 蔡惠林．伯乐相马术的发展和现代相马 [J]. 当代畜牧，2002(9).

[108] 周作明．对马与中国古代历史的文化认识 [J]. 广西师范大学学报，2000(12).

[109] 李家欣．从《诗经》《楚辞》祭祀诗看北南文化的差异[J]. 江汉论坛，1994(7).

[110] 林琳．论秦代以前中华民族的马文化[J]. 广西民族研究,1999(1).

[111] [日]吉崎昌一．马与文化[J]. 曹兵海,张秀萍译．农业考古,1987(2).

[112] 牛晓贞．《诗经》婚恋诗中的“马”[J]. 华夏文化，2008(1).

[113] 欧阳勤,蔡镇楚．《诗经》与周代车“马”[J]. 中国文学研究,2005(4).

[114] 孙伯涵．《诗经》意象论 [J]. 烟台师范学院学报，2001(2).

[115] 王盛苗．《诗经》和《楚辞》祭祀文化比较研究 [D]. 华中师范大学硕士学位论文，2008.

[116] 王轶．论《诗经》战争诗的类型和情感倾向 [J]. 巢湖学院学报，2010(2).

[117] 胡正明．日书：秦国社会的一面镜子 [J]. 文博，1986(5).

[118] 裘锡圭．从殷墟甲骨卜辞看殷人对白马的重视[J]. 殷墟博物苑苑刊，1989.

后记

集思广益，群策群力，从武威市“中国马文化”项目确立，到力求全面梳理中国古代马文化形态的大型历史文化丛书《中国马文化》正式出版，历时三年，今天可以暂时画上一个句号。

为什么要用“暂时”这个词呢？因为当这项工作起步时，我们纵览中国马文化形态，不外乎“三种八类”：三种即物质形态、制度形态和精神形态；八类包括古代各民族对马的驯养和控驭、应需而生的各种工具、马成为战争的利器、对良马的培育与交流、马政制度、人马之情、以文学和绘画及雕塑等形式表达对马的崇尚与赞美，以及辐射、融入意识领域的马图腾崇拜现象。因此我们策划以类为编，分10卷纵深钩沉、搜集梳理。10卷编撰工作的有序进行，犹如10匹骏马承载着各类文化形态从远古走来，从八方汇聚于我们眼前，其丰富、其厚重、其灿烂令人惊叹。然而，由于各方面的局限，本丛书所涉内容截止年限暂定在清末，其后的内容和大量的各类形态遗存，还有待我们与仁人志士继续发掘、研究。从这个意义上说，在中国马文化研究领域，此次编撰工作的句号是暂时的，成果是基础性和阶段性的。

岁月沧桑，思接千载，然而千年不变的是，自张骞凿空丝绸之路以来，古称凉州、姑臧的武威市历来是欧洲、中亚、西亚与中国贸易交往的必经孔道。回望丝绸古道，敦煌天马、乌孙西极马、大宛汗血宝马、天竺马、波斯马、大秦马……曾经负载着西域的物质文明和精神文明驰过武威大地进入中原，一匹匹中国培育的名驹良马驮着中原的丝绸和华夏文明驶向西域，铁蹄踏起的尘埃还依稀在空中飞扬，仰天的嘶鸣余音仿佛还在时空中交响，张骞、霍去病、金日磾、班固、马援、鸠摩罗什、隋炀帝、玄奘法师、马可•波罗……来来往往的马上身影一直在武威的历史长河中迭现，人与马构成的精彩故事在武威留下了浓郁的马文化氛围。

武威雷台汉墓出土的铜奔马，被公认为中国古代马文化的代表之作。其设计理念、造型艺术、铸造工艺，蕴含着我们的先祖对天马、对凉州大马的喜爱尊崇之情，凝聚着武威人民的智慧，可谓达到登峰造极、无与伦比的境界。铜奔马是中国马形象最美的表达，并于1983年10月荣膺中国旅游标志，足以说明武威自古就是中国马文化的富聚地。

今年，以纪念武威铜奔马发现50周年为契机，编撰大型历史文化丛书《中国马文化》，树起马文化渊薮的旌旗，为中国马文化研究与文艺、旅游等产业的对接架起一座桥梁，造福桑梓，助推经济文化的繁荣，是新时代对我们的呼唤，也是武威市责无旁贷的使命。《中国马文化》丛书的出版发行，对挖掘、传承、弘扬中华优秀传统文化，揭示中华民族龙马精神的核心内涵，具有积极的现实意义。

在主编刘炘先生的主持下，我们组织了一个坚强有力的工作团队，汇聚了一批文笔娴熟、通晓历史、文风严谨的作者，一批在马文化研究、考古、历史学、文学、艺术等方面颇有造诣、治学严谨的学术顾问，一批有实力与创新力的摄影师、插图画家、版面设计、美术编辑和排版编辑，一批勤于组织协调且任劳任怨的编辑人员。三年间，他们克服种种困难，共同协作，高标准地完成了丛书编委会制定的目标。

在此，我们衷心感谢为此书付出大量心血的各位编委会成员、作者、学者、编辑、画家、摄影家、技术人员，你们辛苦了！

衷心感谢通过辛勤努力积累了丰富马文化资源和研究成果的前辈以及同道学者，你们的学术成果为我们的写作创造了条件。

衷心感谢为《中国马文化》丛书的撰写、出版给予大力支持的甘肃省文史研究馆、敦煌研究院、西北师范大学、西北民族大学、甘肃农业大学、读者出版社等有关单位和个人！

书中的缺漏及偏颇之处在所避免，敝帚自珍，不揣浅陋，恳切求教于方家。

武威市《中国马文化》丛书编辑委员会

二〇一九年三月

《中国马文化》丛书

参与人员名录

主　　编	刘　炘		
作　　者	姬广武	张成荣	《驯养卷》
	柯　英		《役使卷》
	寇克英		《驰骋卷》
	王　东		《马政卷》
	王万平	王志豪	《交流卷》
	赵开山		《神骏卷》
	孙海芳		《文学卷》
	崔　星		《绘画卷》
	徐永盛		《雕塑卷》
	王　琦		《图腾卷》
学术审定	胡自治		《驯养卷》
	边　强		《役使卷》
	李并成		《驰骋卷》
	尹伟先		《马政卷》
	边　强	汪　玺	《交流卷》
	胡云安		《神骏卷》
	张文轩		《文学卷》
	边　强		《绘画卷》
	刘可通		《雕塑卷》
	李并成		《图腾卷》

图文方案设计 / 图片编辑　刘　炘

文字编辑　姜洪源

通联编辑　胡津兰

插图编辑　贺永胜　何剑华

插　　图

朱志勇（水墨插图）

戴晓明（钢笔水墨插图）

赵　天（铅笔淡彩插图）

刘程民（电脑插图）

杜少君（电脑插图）

贺永胜（示意图）

李亮之（水彩插图）

摄　　影（以姓氏笔画排序）

丁建荣	马均海	马新宝	王　东	王　金
王　琦	王　璞	王万平	王文林	王正军
王军龙	王志豪	王重阳	王俊毅	王晓勤
王新伟	左碧薇	田　寅	史学军	冯清伟
朱　虁	朱兴明	朱诚朴	仵爱斌	冰　洋
刘永红	刘　炘	刘兆明	刘　森	刘秀文
闫晓东	祁怀龙	孙长江	孙志成	孙海芳
李　炜	李　健	李仁奇	李玉明	李国民
杨　霞	杨文贵	肖金龙	吴俊瑞	何少华
何建银	何剑华	沙与海	张西海	张红兰
张国银	张振宇	张晓东	张润秀	张福义
陈　巾	岳建海	金光宇	郑　华	赵广田
赵开山	胡百纯	胡余青	胡锐飞	柯　英
侯建平	贺永胜	秦　建	秦胜铡	徐永盛
高　丽	姬广武	黄　华	黄　猛	黄振山
崔　星	寇克英	彭志浩	鲁家春	温志怀
温翠萍	谢安珍	谢荣乐	廉宗仁	潘　登
魏其云				

协　　调　赵金山　唐浩鼎

装帧设计　贺永胜

排版制作　晨　曦